MINISTÈRE
DE L'AGRICULTURE, DU COMMERCE ET DES TRAVAUX PUBLICS.

CONCOURS RÉGIONAL AGRICOLE

DE STRASBOURG,

DU SAMEDI 19 AU DIMANCHE 27 MAI 1866.

CATALOGUE

DES

ANIMAUX, INSTRUMENTS ET PRODUITS AGRICOLES

EXPOSÉS.

PARIS.

IMPRIMERIE IMPÉRIALE.

1866.

VILLE DE :

PLAN du Concours

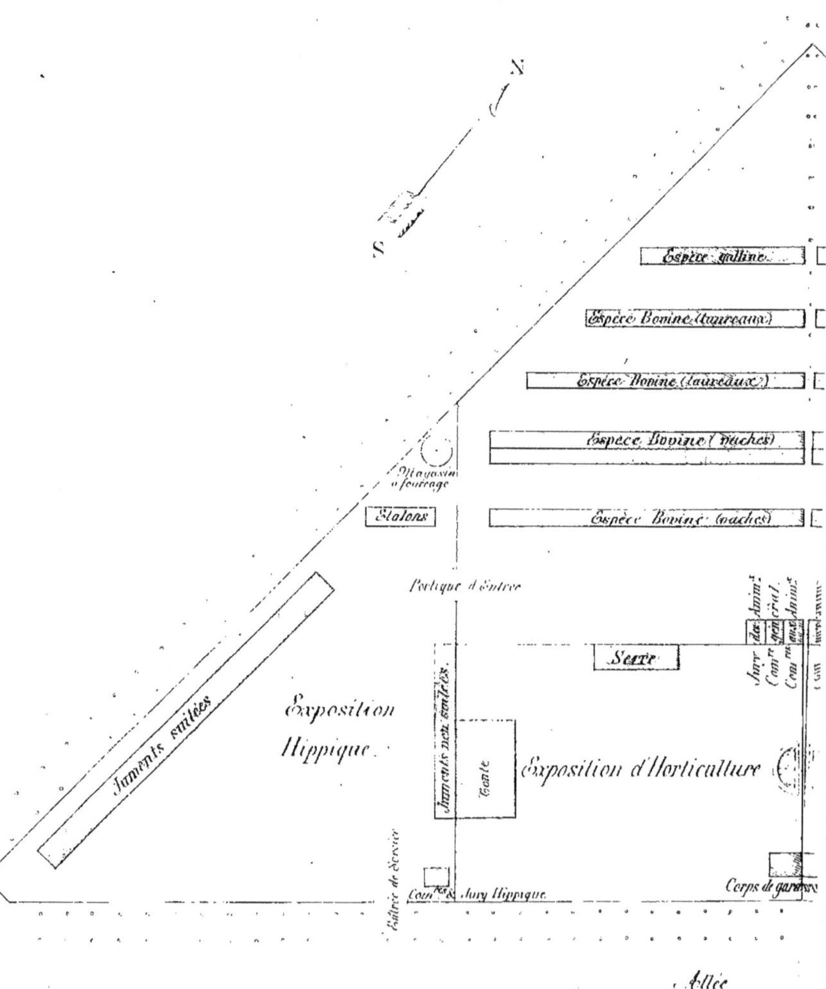

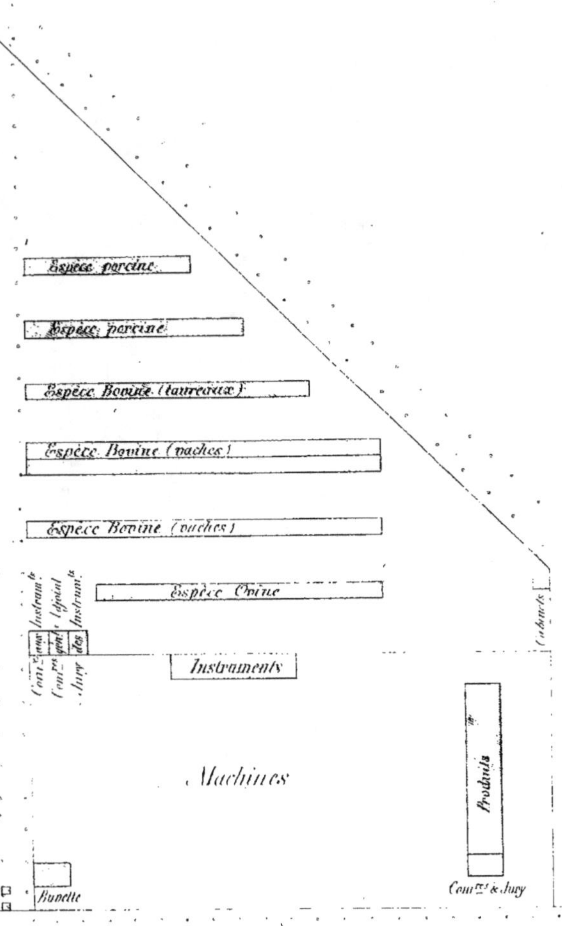
Espèce porcine
Espèce porcine
Espèce Bovine (taureaux)
Espèce Bovine (vaches)
Espèce Bovine (vaches)
Espèce Ovine
Concours Instrum.ts
Concours spéc.le spécial
Jury des Instrum.ts
Instruments
Machines
Produits
Cabinets
Comm.té & Jury
Buvette
Pêcheurs
200 mètres

CONCOURS RÉGIONAL AGRICOLE

DE STRASBOURG.

ANIMAUX REPRODUCTEURS[1].

1RE CLASSE. — ESPÈCE BOVINE.

1re CATÉGORIE.

RACE FÉMELINE PURE.

Mâles.

1re Section. — Animaux nés depuis le 1er mai 1864 et avant le 1er mai 1865.

(1er prix, **600**^f; 2e, **500**^f; 3e, **400**^f; 4e, **300**^f.)

1. — 13 m. 15 j. — Froment; né chez M. Grappe, à Charmoille (Haute-Saône).   M. Falatieu, à Bains-en-Vosges (Vosges).

2. — 15 m. — Froment; né chez M. Grappe, à Charmoille (Haute-Saône).   M. Müller (Jean), à Andelnans (Haut-Rhin).

3. — 15 m. 5 j. — Froment clair; né chez M. Vernier père, à Roye (Haute-Saône).   M. Klopfenstein (Christ), à Belfort (Haut-Rhin).

4. — 21 m. 15 j. — Froment clair; né chez M. Grappe, à Charmoille (Haute-Saône).   M. Namur, à Coucy (Ardennes).

[1] L'âge des animaux est calculé au 1er mai 1866.

2ᵉ Section. — Animaux nés avant le 1ᵉʳ mai 1864.

(1ᵉʳ prix, **600ᶠ**; 2ᵉ, **500ᶠ**; 3ᵉ, **400ᶠ**; 4ᵉ, **300ᶠ**.)

5. — 27 m. — Froment; né chez l'exposant.. M. Valence, à Monthureux (Vosges).

6. — 27 m. — Froment; né chez M. Bernard, M. Houberdon, à Uzemain (Vosges).
à la Haye (Vosges).

7. — 28 m. — Froment; né chez M. Grappe, M. Müller (Jean), précité.
à Charmoille (Haute-Saône).

8. — 29 m. 15 j. — Froment; né chez M. Ma- M. Namur, précité.
my, à Navenne (Haute-Saône).

Femelles.

1ʳᵉ Section. — Génisses nées depuis le 1ᵉʳ mai 1864 et avant le 1ᵉʳ mai 1865, n'ayant pas encore fait veau.

(1ᵉʳ prix, **300ᶠ**; 2ᵉ, **200ᶠ**; 3ᵉ, **150ᶠ**; 4ᵉ, **100ᶠ**.)

9. — 14 m. 7 j. — Froment clair; née chez M. Klopfenstein (Christ), précité
M. Vernier père, à Roye (Haute-Saône).

10. — 14 m. 8 j. — Froment; née chez M. Müller, précité.
M. Grappe, à Charmoille (Haute-Saône).

11. — 14 m. 10 j. — Froment; née chez M. Falatieu, précité.
M. Grappe, à Charmoille (Haute-Saône).

12. — 23 m. — Froment; née chez M. Grappe, M. Namur, précité.
à Charmoille (Haute-Saône).

13. — 23 m. 2 j. — Froment; née chez l'ex- M. Falatieu, précité.
posant.

2ᵉ Section. — Génisses nées depuis le 1ᵉʳ mai 1863 et avant le 1ᵉʳ mai 1864, pleines ou à lait.

(1ᵉʳ prix, **400ᶠ**; 2ᵉ, **300ᶠ**; 3ᵉ, **200ᶠ**; 4ᵉ, **100ᶠ**.)

14. — 25 m. 4 j. — Froment; née chez l'ex- M. Klopfenstein (Christ), précité.
posant.

15. — 26 m. 15 j. — Froment; née chez M. Namur, précité.
M. Grappe, à Charmoille (Haute-Saône).

16. — 27 m. 4 j. — Froment; née chez M. Müller, précité.
M. Grappe, à Charmoille (Haute-Saône).

17. — 30 m. — Froment; née chez M. le M. de Scitivaux de Greische, à Villers-lez-Nancy
marquis de Terrier. (Meurthe).

18. — 32 m. 20 j. — Froment; née chez M. Falatieu, précité.
l'exposant.

19. — 35 m. — Froment; née chez M. Grappe,   M. FALATIEU, précité.
    à Charmoille (Haute-Saône).
    (1ᵉʳ prix au conc. rég. de Besançon en
    1865.)

3ᵉ SECTION. — Vaches nées avant le 1ᵉʳ mai 1863, pleines ou à lait.

(1ᵉʳ prix, **400ᶠ**; 2ᵉ, **300ᶠ**; 3ᵉ, **200ᶠ**; 4ᵉ, **100ᶠ**.)

20. — 47 m. 10 j. — Froment; née chez   M. FALATIEU, précité.
    M. Richard, à Choye (Haute-Saône).

21. — 4 ans. — Froment . . . .   M. DE SCITIVAUX DE GREISCHE, précité.

22. — 4 ans 23 j. — Froment; née chez   M. MÜLLER, précité.
    M. Sannois, à Pusey (Haute-Saône).

23. — 4 ans 5 m. 2 j. — Froment; née chez   Le même.
    M. Vernier, à Roye (Haute-Saône).

24. — 4 ans 7 m. 15 j. — Froment; née chez   M. NAMUR, précité.
    M. Grappe, à Charmoille (Haute-
    Saône).

25. — 5 ans 22 j. — Froment; née chez   M. ROLLET, à Thiaucourt (Meurthe).
    M. Bourgoing, à Cussey (Doubs).

26. — 5 ans 1 m. — Froment; née chez   M. LAMIABLE, à Coucy (Ardennes).
    M. Grappe, à Charmoille (Haute-
    Saône).

27. — 5 ans 1 m. 23 j. — Froment; née   M. NAMUR, précité.
    chez M. Grappe, à Charmoille
    (Haute-Saône).

28. — 5 ans 8 m. — Froment; née chez   M. KLOPFENSTEIN (Christ), précité.
    M. Vernier père, à Roye (Haute-
    Saône).

29. — 5 ans 9 m. — Froment; née chez   M. FALATIEU, précité.
    M. Durand, à Nervezaines (Haute-
    Saône).

30. — 6 ans. — Froment; née chez l'exposant.   M. DE SCITIVAUX DE GREISCHE, précité.

31. — 6 ans. — Froment; née chez M. George   M. GEORGE (Félix), à Mirecourt (Vosges).
    (Louis).

32. — 7 ans. — Froment; née chez l'exposant.   M. VALENCE, précité.

33. — 8 ans. — Froment . . . .   M. HOUBERDON, précité.

2ᵉ CATÉGORIE.

RACES FRANÇAISES DIVERSES PURES, AUTRES QUE LA RACE FÉMELINE,

divisées en grandes races et en petites races.

Mâles.

1ʳᵉ SECTION. — Animaux nés depuis le 1ᵉʳ mai 1864 et avant le 1ᵉʳ mai 1865.

(1ᵉʳ prix, **500ᶠ**; 2ᵉ, **400ᶠ**.)

34. — 12 m. . . . . — Gris, né chez l'exposant.   M. HEYMANN, à Sainte-Croix-en-Plaine (Haut-
    Rhin).

35. — 12 m. 23 j..... — Rouge et blanc; né chez l'exposant. · M. Riche, à Pfaffenhoffen (Bas-Rhin).

36. — 13 m. 15 j. — Vosgien, froment; né chez l'exposant. · M. Müller, précité.

37. — 13 m. 16 j. — Alsacien, rouge et blanc; né chez l'exposant. · M. Klopfenstein (Christ), précité.

38. — 14 m. — Breton, noir et blanc; né chez l'exposant. · M. Savry, à Champigneulle (Meurthe).

39. — 14 m. 6 j. — Alsacien, blanc; né chez l'exposant. · M. Müller, précité.

40. — 14 m. 10 j. — Breton, blanc et noir; né chez l'exposant. · M. Savry, précité.

41. — 15 m. — Lorrain, blanc et rouge; né chez l'exposant. · M. Broquet, à Void (Meuse).

42. — 16 m. — Vosgien, noir et blanc; né chez M. Grand-Michel (Haut-Rhin). · M. Klopfenstein (Christ), précité.

43. — 17 m. — Lorrain, rouge et blanc; né chez l'exposant. · M. Drappier (Jules), à Ormes (Meurthe)

44. — 18 m. 15 j..... — Alezan; né chez [l'ex]posant. · M. Heymann, précité.

45. — 22 m. 2 j. — Charolais, blanc; né chez l'exposant. · M. George, à Mirecourt (Vosges).

46. — 23 m. — Vosgien, noir et blanc.,.. · M. Houberdon, précité.

47. — 23 m..... — Noir; né chez l'exposant. · M. Pfrimmer, à Olwisheim (Bas-Rhin)

2ᵉ Section. — Animaux nés avant le 1ᵉʳ mai 1864.

(1ᵉʳ prix, **500ᶠ**; 2ᵉ, **400ᶠ**.)

48. — 24 m. 3 j..... — Froment; né chez l'exposant. · M. Müller, précité.

49. — 24 m. 5 j..... — Né chez l'exposant. · M. Schuller, à Sandhoffen (Haut-Rhin).

50. — 25 m. — Lorrain, noir, né chez M. Simonnin, à Lalœuf (Meurthe). · M. Vallois, à la Ville-au-Val (Meurthe).

51. — 25 m. — Lorrain, rouge; né chez M. Drappier (Jules), à Ormes (Meurthe). · M. Mathieu, à Ormes (Meurthe).

52. — 26 m. 9 j. — Alsacien, rouge et blanc; né chez M. Donzé, à Vieux-Charmont (Doubs). · M. Klopfenstein (Christ), précité.

53. — 27 m. — Vosgien, noir et blanc; né chez l'exposant. · M. Noël, à Harsault (Vosges).

54. — 33 m. 18 j. — Vosgien, noir; né chez l'exposant. · M. Houberdon, précité.

55. — 34 m. — Breton, noir et blanc; né chez l'exposant. · M. Savry, précité.

Femelles.

1re SECTION. — Génisses nées depuis le 1er mai 1864 et avant le 1er mai 1865, n'ayant pas encore fait veau.

(1er prix, **200^f**; 2e, **100^f**.)

56. — 12 m..... — Rouge et blanche; née chez l'exposant.   M. HEYMANN, précité.

57. — 12 m. — Normande, bringée; née chez l'exposant.   M. GEORGE, précité.

58. — 12 m. 16 j. — Alsacienne, blanche et rouge; née chez l'exposant.   M. KLOPFENSTEIN (Christ), précité.

59. — 13 m. 14 j. — Bretonne, brune et blanche; née chez l'exposant.   M. GEORGE, précité.

60. — 15 m. 15 j. — Vosgienne, brune et blanche; née chez l'exposante.   Mme PIERFITTE, à Hennecourt (Vosges).

61. — 16 m. — Ardennaise, noire; née chez l'exposant.   M. FAGOT, à Mazerny (Ardennes).

62. — 16 m. — Bretonne, noire et blanche; née chez l'exposant.   M. COLLENOT, à Villers-lez-Nancy (Meurthe).

63. — 16 m..... — Noire; née chez l'exposant.   M. PFRIMMER, précité.

64. — 20 m. — Bretonne, noire et blanche; née chez l'exposant.   M. SAVRY, précité.

65. — 20 m. — Lorraine, rouge et blanche; née chez l'exposant.   M. AUBERT, à Neuviller-sur-Moselle (Meurthe).

2e SECTION. — Génisses nées depuis le 1er mai 1863 et avant le 1er mai 1864, pleines ou à lait.

(1er prix, **300^f**; 2e, **200^f**.)

66. — 25 m. — Alsacienne, rouge et blanche; née chez l'exposant.   M. KLOPFENSTEIN (Christ), précité.

67. — 25 m. — Lorraine, rouge et blanche; née chez Mme Herquer, à Neuviller-sur-Moselle.   M AUBERT, précité.

68. — 26 m. — Bretonne, noire et blanche; née chez l'exposant.   M. COLLENOT, précité.

69. — 26 m. 4 j. — Lorraine, rouge; née chez l'exposant.   M. ANDRÉ, à Pont-à-Mousson (Meurthe).

70. — 26 m. 24 j. — Alsacienne, blanche; née chez l'exposant.   M. BARTHELMÉ, à Sand (Bas-Rhin).

71. — 28 m. 15 j. — Alsacienne, noire et blanche; née chez l'exposant.   M. RICHE, précité.

72. — 30 m. — Bretonne, noire et blanche; née chez l'exposant.   M. SAVRY, précité.

73. — 32 m. — Vosgienne, noire et blanche; née chez l'exposant.   M. LEQUIN, à Harchéchamp (Vosges).

74. — 35 m. — Vosgienne, bringée; née   M. George, précité.
chez l'exposant.

3ᵉ Section. — Vaches nées avant le 1ᵉʳ mai 1863, pleines ou à lait.

(1ᵉʳ prix, **300ᶠ**; 2ᵉ, **200ᶠ**.)

75. — 36 m. 18 j. — Vosgienne, froment et   M. Müller, précité.
blanche; née chez l'exposant.

76. — 43 m. — Vosgienne, noire; née chez   Mᵐᵉ Pierfitte, précitée.
l'exposante.

77. — 46 m. — Alsacienne, noire et blanche.   M. Frick, à Strasbourg (Bas Rhin).

78. — 4 ans. — Bretonne, noire et blanche;   M. de Sitivaux de Greische, précité.
née chez M. Javy (Meurthe).

79. — 47 m. 15 j. — Normande, bringée;   M. George, précité.
née chez l'exposant.

80. — 4 ans 4 m. 15 j. — Alsacienne, rouge   M. Riche, précité.
et blanche; née chez l'exposant.

81. — 4 ans 5 m. — Bouquenon, rouge et   M. Rollet, précité.
blanche; née chez l'exposant.

82. — 4 ans 10 m. — Alsacienne, blanche et   M. Diémer (J.), à Strasbourg (Bas-Rhin).
noire.

83. — 5 ans. — Bretonne, noire et blanche;   M. Savry, précité.
née chez l'exposant.

84. — 5 ans. — Bretonne, noire et blanche.   M. George, précité.

85. — 5 ans. — Lorraine, rouge et blanche;   M. Broquet, précité.
née chez l'exposant.

86. — 5 ans. — Bretonne, noire et blanche;   M. Collenot, précité.
née chez l'exposant.

87. — 5 ans 1 m. 5 j. — Alsacienne, brune;   M. Barthelmé, précité.
née chez l'exposant.

88. — 5 ans 3 m. — Bretonne, noire et   M. André, précité.
blanche; née chez M. Savy.

89. — 5 ans 3 m. — Bretonne, noire et   M. Savry, précité.
blanche; née chez l'exposant.

90. — 6 ans. — Vosgienne, noire.........   M. Noël, précité.

91. — 6 ans. — Vosgienne, rouge et blanche.   M. Guimas, à Ostwald (Bas-Rhin).

92. — 6 ans 7 m. — Vosgienne, noire; née   Mᵐᵉ Pierfitte, précitée.
chez l'exposante.

93. — 7 ans 3 m. — Vosgienne, noire; née   M. Katterlet, à Belfort (Haut-Rhin).
chez l'exposant.

94. — 8 ans. — Alsacienne, noire et blanche;   M. Rhein, à Pfaffenhoffen (Bas-Rhin).
née chez l'exposant.

95. — 12 ans. — Vosgienne, rouge.......   M. Guimas, précité.

3ᵉ CATÉGORIE.

RACE DURHAM PURE.
(Short horned improved.)

Mâles.

1ʳᵉ Section. — Animaux nés depuis le 1ᵉʳ mai 1864 et avant le 1ᵉʳ mai 1865.

(1ᵉʳ prix, **600ᶠ**; 2ᵉ, **500ᶠ**; 3ᵉ, **400ᶠ**.)

96. — 12 m. 10 j. — Rouan ; né chez l'exposant.　　M. PARGON, à Salival (Meurthe).
Son père, Gavarni; sa mère, Odette.

97. — 12 m. 9 j. — Rouan; né chez l'exposant.　　M. GEORGE, précité.
Son père, Amphion; sa mère, Lady Savy.

98. — 16 m. 5 j. — Mont-Blanc, blanc; né chez l'exposant.　　M. DE SCITIVAUX DE GREISCHE, précité.

99. — 16 m. 15 j. — Rouan; né chez M. Scitivaux de Greische.　　M. DRAPPIER (Ernest), précité.
Son père, Duc Antoine, par Comète, 1183; sa mère, Frédégonde, 1982.

100. — 17 m. 15 j. — Actéon, rouge et blanc; né chez l'exposant.　　M. BRESSON, à Dommartin (Vosges).
Son père, Phœbus, 1852; sa mère, Laura, 2112.

101. — 19 m. 4 j. — Apis, rouge et blanc; né chez l'exposant.　　M. le baron DE BENOIST, à Waly (Meuse).
Son père, Impérial Waly, 1721; sa mère, Rose, 2198.

102. — 23 m. 15 j. — Rupinbeau, rouge et blanc; né chez l'exposant.　　M. PARGON, précité.
Son père, Gavarni; sa mère, Olympe, par Origène.

103. — 23 m. 20 j. — Cromwell, rouan léger; né chez l'exposant.　　Le même.
Son père, Gavarni; sa mère, Thymélée.

104. — 23 m. 25 j. — Bouzy, rouan; né chez M. de Grosourdy (Orne).　　M. DE SCITIVAUX DE GREISCHE, précité.
Son père, Balzac, 1516; sa mère, Ourimée, 526.

1ᵉ Section. — Animaux nés avant le 1ᵉʳ mai 1864.

(1ᵉʳ prix, **600ᶠ**; 2ᵉ, **500ᶠ**; 3ᵉ, **400ᶠ**.)

105. — 24 m. 10 j. — Rouan ; né chez l'exposant.　　M. GEORGE, précité.
Son père, Amphion; sa mère Lady Savy.
(3ᵉ prix au conc. rég. de Besançon en 1865.)

106. — 3o m. 26 j. — Mexico ; né chez   M. le baron BENOIST, précité.
l'exposant.
> Son père, Impérial Waly, 1,721 ; sa mère,
> Waly Impériale, 2236.

107. — 32 m. 29 j — Albinos, blanc ; né   M. ANDRÉ, précité.
chez M. Auclerc, à Bruère(Cher).
> Son père, Savoyard ; sa mère, Germaine.

108. — 38 m. — Durham, rouge et blanc ;   M. PASQUAY, à Wasselonne (Bas-Rhin).
né chez M. Grégoire, à Almé-
. nèches (Orne).

109. — 3g m. 24 j. — Oscar II, rouan ;   M. BRESSON, précité.
né chez M. Boisseaux, à Gray
(Haute-Saône).
> Son père, Origène, 1,023 ; sa mère,
> Blanche, 1,995.

110. — 4o·m. — Rouan ; né chez M. Van-   M. DIÉMER (J.), précité.
dercolme, à Dunkerque (Nord).
> Son père, Duc Job.

111. — 45 m. 6 j. — Gavarni, rouan ; né   M. PARGON, précité.
à Corbon.
> Son père, Not Sorbard, 1,807 ; sa mère,
> Breloque, 255.

Femelles.

1ʳᵉ SECTION. — Génisses nées depuis le 1ᵉʳ mai 1864 et avant le 1ᵉʳ mai 1865,
n'ayant pas encore fait veau.

(1ᵉʳ prix, **300ᶠ** ; 2ᵉ, **200ᶠ** ; 3ᵉ, **100ᶠ**.)

112. — 12 m. 19 j. — Blanche, née chez   M. GEORGES, précité.
l'exposant.
> Son père, Amphion ; sa mère, Victoria.

113. — 12 m. 20 j. — La Fronde,   M. DE SCITIVAUX DE GREISCHE, précité.
blanche ; née chez l'exposant.
> Son père, Duc Antoine ; sa mère, Comète,
> 1183.

114. — 17 m. 6 j. — Rose Pompon,   M. PARGON, précité.
blanche ; née chez l'exposant.
> Son père, Gavarni ; sa mère, Emma.

115. — 20 m. — Bonne Veine, blanche ;   M. FAGOT, précité.
née chez M. le comte de Falloux.
> Son père, Bon Vivant ; sa mère, Tulipe,
> 1,513.

116. — 20 m. 19 j. — Tamponne, rouge ;   M. le baron DE BENOIST, précité.
née chez l'exposant.
> Son père, Impérial Waly, 1,721, sa mère,
> Thisbé, fille d'Azora, 1,983.

117. — 20 m. 20 j. — Gesnéria, rouanne ; M. DE SCITIVAUX DE GREISCHE, précité.
née chez l'exposant.
Son père, Géranium, 1,698 ; sa mère,
Castagnette. 2,013.

118. 21 m. 23 j. — Fleur ; née chez M. Au- M. ANDRÉ, précité.
cler, à Bruère (Cher).
Son père, Baron, 1519 ; sa mère, Fleurette, 2,088.

119. — 21 m. 24 j. — Beauty, rouge et M. le baron DE BENOIST, précité.
blanche, née chez l'exposant.
Son père, Impérial Waly, 1721 ; sa mère,
Bettina, 1,993.

120. — 22 m. 16 j. — Fanny, rouge et M. PARGON, précité.
blanche ; née chez l'exposant.
Son père, Gavarni ; sa mère, fille de Thymélée.

121. — 22 m. 28 j. — Agar, rouanne ; M. BRESSON, précité.
née chez l'exposant.
Son père, Oreste, 1822 ; sa mère, Hickorine, 2026.

122. — 23 m. 15 j. — Constellation, M. DE SCITIVAUX DE GREISCHE, précité
rouanne ; née chez l'exposant.
Son père, le comte de Vaudemont, 589 ;
sa mère, Comète, 1183.

2ᵉ SECTION. — Génisses nées depuis le 1ᵉʳ mai 1863 et avant le 1ᵉʳ mai 1864, pleines ou à lait.

(1ᵉʳ prix, **400ᶠ** ; 2ᵉ, **300ᶠ** ; 3ᵉ, **200ᶠ**.)

123. — 24 m. 22 j. — Rupinbelle, rouanne ; M. PARGON, précité.
née chez l'exposant.
Son père, Gavarni ; sa mère, Odette.

124. — 27 m. — Mˡˡᵉ de Bar, blanche ; née M. SCITIVAUX DE GREISCHE, précité.
chez l'exposant.
Son père, Comte de Vaudemont, 589 ; sa
mère, Reine Claude, 2193.

125. — 29 m. 20 j. — Pomme, rouanne ; née M. ANDRÉ, précité.
chez M. Auclerc, à Bruère (Cher).

126. — 32 m. — Galsinthe, rouge et blanche ; M. DE SCITIVAUX DE GREISCHE, précité
née chez l'exposant.
Son père, Comte de Vaudemont, 589 ; sa
mère, Frédégonde, 1982.

127. — 32 m. 15 j. — Rosa, rouge et blanche ; M. le baron DE BENOIST, précité.
née chez l'exposant.
Son père, Impérial Waly, 1721 ; sa mère,
Rose, 2198.

128. — 32 m. 17 j. — Pivoine, rouge ; née Le même.
chez l'exposant.
Son père, Adonis, 1488 ; sa mère, Bettina, 1993.

129. — 36 m. — Étoile, rouanne; née chez l'exposant.

    Son père, Comte de Vaudemont, 589; sa mère, Comète, 1182.

M. DE SCITIVAUX DE GREISCHE, précité.

3e SECTION. — Vaches nées avant le 1er mai 1863, pleines ou à lait.

(1er prix, **400^f**; 2e, **300^f**; 3e, **200^f**; 4e, **100^f**.)

130. — 36 m. 13 j. — Boutique, blanche; née chez M. le vicomte Dauger.

    Son père, Beauvais, 1526; sa mère, La Chapelle, 708.

M. DE SCITIVAUX DE GREISCHE, précité.

131. — 39 m. — Lydie, rouanne; née chez M. Boissaux, à Gray (Haute-Saône).

    Son père, Onésime, 1819; sa mère, Blanche, 1995.

M. BRESSON, précité.

132. — 42 m. — Déception, rouanne; née chez l'exposant.

    Son père, Origène, 1262; sa mère, Blanche.

M. PASQUAY, précité.

133. — 46 m. — Nancy, rouanne; née chez l'exposant.

    Son père, Origène, 1262; sa mère, Budiette.

Le même.

134. — 47 m. 7 j. — Sonora, rouge; née chez l'exposant.

    Son père, Adonis, 1488; sa mère, Bettina, 1993.

M. le baron DE BENOIST, précité.

135. — 4 ans 2 j. — Rouge et blanche; née chez l'exposant.

    Son père, Oxford, 249; sa mère, Thymélée, 664.

M. PARGON, précité.

136. — 4 ans 7 m. 6 j. — Waly-Impériale, rouge; née chez l'exposant.

    Son père, Adonis, 1488; sa mère, Rosa, 2198.

M. le baron DE BENOIST, précité.

137. — 4 ans 9 m. 16 j. — Charlotte, rouanne; née chez M. Auclerc, à Bruère (Cher).

M. ANDRÉ, précité.

138. — 4 ans 11 m. — Comète, blanche; née chez l'exposant.

    Son père, Duc de Lorraine, 936.

M. DE SCITIVAUX DE GREISCHE, précité.

139. — 5 ans 4 m. 20 j. — Fleurette, rouanne; née chez M. Auclerc, à Bruère (Cher).

M. ANDRÉ, précité.

140. — 6 ans 9 m. — Galathée, rouanne; née chez l'exposant.

    Son père, Origène, 1262; sa mère, Blanche.

M. PASQUAY, précité.

141. — 8 ans. — Hickorine, blanche; née chez   M. Bresson, précité.
    M. Boissaux, à Gray (Haute-Saône).
    Son père, Hickory; sa mère, Laura,
2112.

4ᵉ CATÉGORIE.

RACES SUISSES PURES.

Mâles.

1ʳᵉ Section. — Animaux nés depuis le 1ᵉʳ mai 1864 et avant le 1ᵉʳ mai 1865.
(1ᵉʳ prix, **500ᶠ**; 2ᵉ, **400ᶠ**; 3ᵉ, **300ᶠ**.)

142. — 12 m. — Appenzell; né chez l'expo-   M. Houillon, à Ebersheim (Bas-Rhin).
sant.

143. — 12 m. — Schwitz, gris; né chez l'ex-   M. Broquet, précité.
posant.

144. — 12 m. 8 j. — Appenzell, brun . . . . .   M. Fritsch, à Goswiller (Bas-Rhin).

145. — 12 m. 9 j. — Suisse, brun; né chez   M. Schuller, précité.
l'exposant.

146. — 12 m. 10 j. — Appenzell, brun; né   M. Barthelmé, précité.
chez l'exposant.

147. — 12 m. 14 j. — Suisse, rouge et blanc;   M. Müller, précité.
né chez l'exposant.

148. — 14 m. — Suisse, gris; né chez l'ex-   M. Fromont, à Sorcy (Meuse).
posant.

149. — 14 m. 8 j. — Schwitz, brun; né chez   M. Klopfenstein (Joseph), à Belfort (Haut-
l'exposant.   Rhin).

150. — 14 m. 13 j. — Schwitz; né chez l'ex-   M. Bès de Berc, à Brumath (Bas-Rhin).
posant.

151. — 16 m. 5 j. — Simmenthal, brun et   M. Schattenmann, à Bouxwiller (Bas-Rhin).
blanc; né chez l'exposant.

152. — 17 m. 25 j. — Simmenthal, brun et   Le même.
blanc; né chez l'exposant.

153. — 18 m. — Suisse, brun; né chez l'ex-   M. Lebel, à Lampertsloch (Bas-Rhin).
posant.

154. — 22 m. 8 j. — Gris; né chez l'expo-   M. Heymann, précité.
sant.

155. — 24 m. — Suisse, brun; né chez l'ex-   M. Schuller, précité.
posant.

2ᵉ Section. — Animaux nés avant le 1ᵉʳ mai 1864.

(1ᵉʳ prix, **500ᶠ**; 2ᵉ, **400ᶠ**; 3ᵉ **300ᶠ**.)

156. — 24 m. 11 j. — Appenzell, brun; né   M. Barthelmé, précité.
chez l'exposant.

157. — 25 m. — Suisse, noir; né chez l'ex-
posant. | M. HOERTEL (Antoine), à Crinbach (Bas-Rhin).

158. — 26 m. — Schwitz, gris; né chez l'ex-
posant. | M. BROQUET, précité.

159. — 27 m. 13 j. — Suisse, brun et blanc;
né chez l'exposant. | M. MÜLLER, précité.

160. — 27 m. 28 j. — Simmenthal, brun et
blanc; né chez l'exposant. | M. SCHATTENMANN, précité.

161. — 31 m. — Suisse, brun; né chez l'ex-
posant. | M. PASQUAY, précité.

162. — 32 m. 7 j. — Suisse, gris; né chez
l'exposant. | M. HEYMANN, précité.

163. — 33 m. — Simmenthal, noir et blanc,
né chez M. Volk, à Niederbetsch-
dorff. | M. BILLMANS, à Ingolsheim (Bas-Rhin).

164. — 36 m. — Bernois, noir et blanc; né
chez M. Schreider, à Wantzeneau
(Bas-Rhin). | M. GUIMAS, à Ostwald (Bas-Rhin).

165. — 36 m. 6 j. — Suisse, noir et blanc;
né chez M. Schreider, à Want-
zenau (Bas-Rhin). | M. FREYSZ (Jean), à Entzheim (Bas-Rhin).

166. — 37 m. 27 j. — Simmenthal, brun et
blanc; né chez l'exposant. | M. SCHATTENMANN, précité.

167. — 38 m. — Schwitz, brun; né chez l'ex-
posant. | M. JACQUES, à Domjulien (Vosges).

168. — 38 m. 23 j. — Suisse; gris, né chez
l'exposant. | M. BÈS DE BERC, précité.

169. — 41 m. 17 j. — Simmenthal, blanc et
noir; né chez l'exposant. | M. BAUER, à Lampertheim (Bas-Rhin).

170. — 4 ans. — Appenzell, noir; né chez
l'exposant. | M. FREYSZ (Jacques), à Entzheim (Bas-Rhin).

Femelles.

1re SECTION. — Génisses nées depuis le 1er mai 1864 et avant le 1er mai 1865, n'ayant pas encore fait veau.

(1er prix, **300**f; 2e, **200**f.)

171. — 12 m. 2 j. — Appenzell, brune; née
chez l'exposant. | M. BARTHELMÉ, précité.

172. — 12 m. 2 j. — Appenzell, brune; née
chez l'exposant. | Le même.

173. — 12 m. 19 j. — Schwitz, grise; née
chez l'exposant. | M. DIÉMER (Michel), à Ittenheim (Bas-Rhin).

174. — 14 m. — Suisse, blanche; née chez
l'exposant. | M. ANTOINE (Louis), à Tomblaine (Meurthe).

175. — 14 m. 17 j. — Appenzell, brune;
née chez l'exposant. | M. BARTHELMÉ, précité.

176. — 17 m. 17 j. — Suisse, grise, née chez l'exposant. M. Bès de Berc, précité.

177. — 17 m. 24 j. — Suisse, grise; née chez l'exposant. Le même.

178. — 19 m. 22 j. — Simmenthal, froment et blanche, née chez l'exposant. M. Lemaistre, à Krautwiller (Bas-Rhin).

179. — 20 m. — Suisse; née chez l'exposant. M. Pasquay, précité.

180. — 19 m. 24 j. — Schwitz, grise; née chez M. Maurer, à Plobsheim (Bas-Rhin). M. Diémer (Michel), précité.

181. — 22 m. 3 j. — Suisse, noire; née chez l'exposant. M. Lemaistre, précité.

182. — 23 m. 24 j. — Schwitz, grise; née chez M. Kégler (Bas-Rhin). M. Diémer (J.), précité.

183. — 24 m. — Appenzell, grise; née chez l'exposant. M. Freysz (Jacques), précité.

2ᵉ Section. — Génisses nées depuis le 1ᵉʳ mai 1863 et avant le 1ᵉʳ mai 1864, pleines ou à lait.

(1ᵉʳ prix, **400ᶠ**; 2ᵉ, **300ᶠ**.)

184. — 24 m. 5 j. — Schwitz, grise; née chez M. Kœgler. M. Diémer (J.), précité.

185. — 25 m. — Suisse, rouge et blanche; née chez l'exposant. M. Broquet, précité.

186. — 26 m. — Suisse, noire et blanche; née chez l'exposant. M. Louis (Antoine), précité.

187. — 26 m. 21 j. — Simmenthal, brune; née chez l'exposant. M. Schattenmann, précité.

188. — 31 m. 19 j. — Appenzell; née chez l'exposant. M. Barthelmé, précité.

189. — 32 m. 11 j. — Simmenthal, brune; née chez l'exposant. M. Schattenmann, précité.

190. — 34 m. 7 j. — Simmenthal, blanche et brune; née chez l'exposant. M. Le Bel, précité.

191. — 34 m. 13 j. — Appenzell, brune; née chez l'exposant. M. Guimas, précité.

192. — 34 m. 26 j. — Appenzell, brune et rouge; née chez l'exposant. Le même.

3ᵉ Section. — Vaches nées avant le 1ᵉʳ mai 1863, pleines ou lait.

(1ᵉʳ prix, **400ᶠ**; 2ᵉ, **300ᶠ**; 3ᵉ, **200ᶠ**.)

193. — 36 m. 6 j. — Bernoise; née chez l'exposant. M. Bès de Berc, précité.

194. — 36 m. 22 j. — Schwitz, grise; née chez l'exposant.   M. Bès de Berc, précité.

195. — 36 m. 22 j. — Schwitz, grise; née chez l'exposant.   Le même.

196. — 37 m. — Appenzell, brune; née chez l'exposant.   M. Barthelmé, précité.

197. — 38 m. 25 j. — Simmenthal, brune et blanche; née chez l'exposant.   M. Le Bel, précité.

198. — 38 m. 26 j. — Schwitz, grise; née chez l'exposant.   M. Bès de Berc, précité.

199. — 40 m. 2 j. — Schwitz, brune; née chez l'exposant.   M. Bresson, précité.

200. — 4 ans 2 m. 13 j. — Simmenthal, froment; née chez l'exposant.   M. Schattenmann, précité.

201. — 4 ans 3 m. — Schwitz, grise; née chez l'exposant.   M. Katterlet, précité.

202. — 4 ans 3 m. 14 j. — Simmenthal, noire et blanche; née chez l'exposant.   M. Bauer, précité.

203. — 4 ans 3 m. 24 j. — Schwitz, grise; née chez M. Gros.   M. Katterlet, précité.

204. — 4 ans 6 m. — Suisse, noire; née chez l'exposant.   M. Demangeon, à Laneuville-devant-Nancy (Meurthe).

205. — 4 ans 9 mois — Schwitz, brune; née chez M. Turck.   M. Lequin, précité.

206. — 5 ans 2 m. 5 j. — Appenzell, brune; née chez l'exposant.   M. Barthelmé, précité.

207. — 6 ans. — Appenzell, grise; née chez M. Kœgler (Bas-Rhin).   M. Guimas, précité.

208. — 6 ans. — Appenzell, grise; née chez M. Kœgler (Bas-Rhin).   Le même.

209. — 6 ans. — Appenzell, brune. . . . .   M. Fritsch, précité.

210. — 6 ans. — Simmenthal, brune et blanche; née chez M. Wenger, à Strasbourg.   M. Bentz, à Strasbourg (Bas-Rhin).

211. — 6 ans 25 j. — Simmenthal, brune et blanche; née chez l'exposant.   M. Schattenmann, précité.

212. — 6 ans 4 m. — Suisse, rouge et blanche; née chez l'exposant.   M. Broquet, précité.

213. — 6 ans 5 m. 15 j. — Appenzell, brune; née chez l'exposant.   M. Barthelmé, précité.

214. — 6 ans 4 m. 27 j. — Simmenthal, brune et blanche.   M. Schattenmann, précité

215. — 6 ans 5 m. 27 j. — Bernoise; née chez l'exposant.   M. Bès de Berc, précité.

216. — 7 ans 1 m. 15 j. — Fribourgeoise, noire et blanche; née chez l'exposant.   M. Bastian, à Strasbourg (Bas-Rhin).

217. — 7 ans 9 m. — Schwitz, grise; née   M. Diémer (Michel), précité.
chez M. Mauret, à Plobstein (Bas-
Rhin).

218. — 12 ans. — Appenzell, grise.........   M. Guimas, précité.

5ᵉ CATÉGORIE.

RACES ÉTRANGÈRES PURES, AUTRES QUE LES RACES DURHAM ET SUISSES.

Mâles.

1ʳᵉ Section. — Animaux nés depuis le 1ᵉʳ mai 1864 et avant le 1ᵉʳ mai 1865.

(1ᵉʳ prix, **500ᶠ**; 2ᵉ, **400ᶠ**.)

219. — 12 m. 2 j. — Hollandais, noir et   M. Radat, à Bergheim (Haut-Rhin).
blanc; né chez l'exposant.

220. — 12 m. 4 j. — Hollandais, blanc et   M. Diémer (J.), précité.
noir; né chez l'exposant

221. — 12 m. 5 j. — Hollandais, blanc et   M. Lamiable, précité.
noir; né chez l'exposant.

222. — 16 m. — Hollandais, noir et blanc;   M. Radat, précité.
né chez l'exposant.

223. — 16 m. 3 j. — Hollandais, noir et   M. Klopfenstein (Joseph), précité.
blanc; né chez M. Graber, à Cou-
thenans (Haute-Saône).

224. — 17 m. 9 j. — Hollandais, blanc; né   M. Ocsinger, à Strasbourg (Bas-Rhin).
chez l'exposant.

225. — 17 m. 27 j. — Hollandais, noir et   M. Herrenschmidt, à Strasbourg (Bas-Rhin).
blanc; né chez l'exposant.

226. — 15 m. — Hollandais, noir; né chez   M. Radat, précité.
l'exposant.

227. — 21 m. 24 j. — Noir et blanc; né   M. Ocsinger, précité.
chez l'exposant.

228. — 23 m. 18 j. — Hollandais; blanc et   M. Diémer (J.), précité.
noir, né chez l'exposant.

2ᵉ Section. — Animaux nés avant le 1ᵉʳ mai 1864.

(1ᵉʳ prix, **500ᶠ**; 2ᵉ, **400ᶠ**.)

229. — 25 m. 22 j. — Hollandais, noir et   M. Barthelmé, précité.
blanc; né chez M. Kiéner, à Gons-
bach (Haut-Rhin).

230. — 30 m. — Hollandais, noir et blanc;   M. Radat, précité.
né chez l'exposant

Femelles.

1ʳᵉ Section. — Génisses nées depuis le 1ᵉʳ mai 1864 et avant le 1ᵉʳ mai 1865, n'ayant pas encore fait veau.

(1ᵉʳ prix, **300ᶠ**; 2ᵉ, **200ᶠ**.)

231. — 12 m. — Hollandaise, noire et blan-che; née chez l'exposant. — M. Radat, précité.

232. — 12 m. 3 j. — Hollandaise, noire et blanche; née chez l'exposant. — Le même.

233. — 12 m. 13 j. — Hollandaise, brune; née chez l'exposant. — M. Herrenschmidt, précité.

234. — 12 m. 26 j. — Hollandaise, blanche; née chez l'exposant. — M. Passé-Sorbet, à Nanteuil (Ardennes).

235. — 13 m. 6 j. — Hollandaise, blanche; née chez l'exposant. — M. Herrenschmidt, précité.

236. — 15 m. 6 j. — Hollandaise, blanche; née chez l'exposant. — M. Ocsinger, précité.

237. — 16 m. — Hollandaise, noire et blan-che; née chez l'exposant. — M. Aubert, précité.

238. — 18 m. 2 j. — Hollandaise, noire et blanche; née chez l'exposant. — M. André, précité.

239. — 22 m. 20 j. — Hollandaise, noire et blanche; née chez l'exposant. — M. Namur, précité.

240. — 23 m. 6 j. — Hollandaise, noire et blanche; née chez l'exposant. — M. Beyer, à Strasbourg (Bas-Rhin).

241. — 23 m. 20 j. — Hollandaise, blanche et noire; née chez l'exposant. — M. Bauer, précité.

242. — 23 m. 21 j. — Hollandaise, blanche et noire; née chez l'exposant. — M. Diémer (J.), précité.

243. — 24 m. — Ayrshire, rouge........ M. Viriat, à Laneuville (Meurthe).

2ᵉ Section. — Génisses nées depuis le 1ᵉʳ mai 1863 et avant le 1ᵉʳ mai 1864, pleines ou à lait.

(1ᵉʳ prix, **400ᶠ**; 2ᵉ, **300ᶠ**.)

244. — 24 m. 3 j. — Hollandaise, noire et blanche; née chez l'exposant. — M. André, précité.

245. — 24 m. 10 j. — Hollandaise, noire et blanche; née chez l'exposant. — M. Radat, précité.

246. — 29 m. 14 j. — Hollandaise, noire et blanche; née chez M. Kiener, à Gunsbach (Haut-Rhin). — M. Barthelmé, précité.

247. — 33 m. 20 j. — Hollandaise, blanche et noire; née chez l'exposant — M. Diémer (J.), précité.

248. — 34 m. 35 j. — Hollandaise, noire et blanche; née chez l'exposant. — M. Huguet, à Bar-le-Duc (Meuse).

249. — 35 m. 5 j. — Hollandaise, noire et blanche; née chez l'exposant. — M. Namur, précité.

3ᵉ SECTION. — Vaches nées avant le 1ᵉʳ mai 1863, pleines ou à lait.

(1ᵉʳ prix, **400ᶠ**; 2ᵉ, **300ᶠ**; 3ᵉ, **200ᶠ**.)

250. — 36 m. 5 j. — Hollandaise, noire et blanche; née chez l'exposant.　M. ANDRÉ, précité.

251. — 36 m. 25 j. — Hollandaise, blanche; née chez l'exposant.　M. PASSÉ-SORBET, précité.

252. — 37 m. 15 j. — Hollandaise, blanche et noire; née chez l'exposant.　M. DIÉMER (J.), précité.

253. — 42 m. 15 j. — Hollandaise, noire et blanche; née chez l'exposant.　M. LAMIABLE, précité.
(3ᵉ prix au conc. rég. de Chaumont, en 1865.)

254. — 45 m. environ. — Hollandaise, noire et blanche; née chez M. Schattenmann, à Bouxviller.　M. BEYER, précité.

255. — 4 ans 8 j. — Hollandaise, blanche et noire; née chez l'exposant.　M. DIÉMER (J.), précité.

256. — 4 ans 3 m. — Hollandaise, noire et blanche; née chez l'exposant.　M. NAMUR, précité.

257. — 4 ans 6 m. — Hollandaise, blanche; née chez M. Hartmann.　M. OCSINGER, précité.

258. — 4 ans 6 m. — Hollandaise, blanche et noire; née chez M. Hartmann.　Le même.

259. — 4 ans 6 m. — Hollandaise, blanche et noire; née chez M. Hartmann.　Le même.

260. — 4 ans 11 m. — Hollandaise, noire et blanche; née chez l'exposant.　M. HUGUET, précité.

261. — 5 ans 4 m. — Hollandaise, noire et blanche; née chez l'exposant.　M. MISSET-DÉTÉ, à Écly (Ardennes).

262. — 5 ans 8 m. — Hollandaise, noire et blanche; née chez l'exposant.　Le même.

263. — 7 ans. — Du Glane, rouge; née chez l'exposant.　M. PARGON, précité.

6ᵉ CATÉGORIE.

CROISEMENTS DURHAM.

Males.

1ʳᵉ SECTION. — Animaux nés depuis le 1ᵉʳ mai 1864 et avant le 1ᵉʳ mai 1865.

(1ᵉʳ prix, **400ᶠ**; 2ᵉ, **300ᶠ**.)

264. — 12 m. — Durham-suisse, rouge; né chez l'exposant.　M. VIRIAT, précité.

265. — 12 m. 5 j. — Durham-lorrain, blanc; né chez l'exposant.
M. DE SCITIVAUX DE GREISCHE, précité.

266. — 13 m. —Durham-suisse, noir et blanc; né chez l'exposant.
M. DIÉMER (J.), précité.

267. — 15 m. — Durham-suisse, blanc et rouge; né chez l'exposant.
M. VIRIAT, précité.

268. — 17 m. — Durham-hollandais, noir et blanc; né chez l'exposant.
M. PASQUAY, précité.

269. — 17 m. 6 j. — Durham-lorrain, rouge et blanc; né chez l'exposant.
M. le baron DE BENOIST, précité.

270. — 21 m. 15 j. — Durham-suisse; né chez l'exposant.
M. DEMANGEON, précité.

271. — 21 m. 25 j. — Durham-lorrain, rouan; né chez l'exposant.
M. ROLLET, à Thiaucourt (Meurthe).

272. — 22 m. 7 j. — Durham croisé, rouan léger; né chez l'exposant.
M. PARGON, précité.

2e SECTION. — Animaux nés avant le 1er mai 1864.

(1er prix, **400^f**; 2e, **300^f**.)

273. — 24 m. 20 j. — Durham-lorrain, rouan; né chez M. Boisseaux.
M. DE SCITIVAUX DE GREISCHE, précité.

274. — 28 m. — Hollandais-durham, noir et blanc; né chez l'exposant.
M. PASQUAY, précité.

275. — 33 m. 20 j. —Durham-schwitz, brun; né chez M. Faucompré.
M. LEQUIN, précité.

276. — 34 m. — Durham-lorrain, rouge et blanc; né chez M. Olry, à Lancuville-devant-Nancy (Meurthe).
M. AUBERT, précité.

277. — 36 m. — Durham-croisé; né chez M. Rollet, à Thiaucourt (Meurthe).
M. DRAPPIER (Ernest), précité.

278. — 39 m. 6 j. — Durham-hollandais, blanc; né chez l'exposant.
M. PARGON, précité.

Femelles.

1re SECTION.— Génisses nées depuis le 1er mai 1864 et avant le 1er mai 1865, n'ayant pas encore fait veau.

(1er prix, **300^f**; 2e, **200^f**.)

279. — 12 m. 2 j. — Durham-hollandaise, rouge et blanche; née chez l'exposant.
M. LAMIABLE, précité.

280. — 12 m. 9 j. — Hollandaise-suisse-durham, blanche et noire; née chez l'exposant.
M. DIÉMER (J.), précité.

281. — 15 m. 20 j. — Durham-hollandaise, rouge et blanche; née chez l'exposant.
Le même.

282. — 16 m. — Durham croisée, rouanne   M. Broquet, précité.
et blanche.

283. — 17 m. 13 j. — Durham-lorraine,   M. le baron de Benoist, précité.
rouanne; née chez l'exposant.

284. — 18 m. 6 j.— Durham-lorraine, rouge   M. Pargon, précité.
et blanche; née chez l'exposant.

285. — 20 m. — Hollandaise-durham,   M. Pasquay, précité.
rouanne; née chez l'exposant.

286. — 20 m. — Durham-hollandaise,   M. Pargon, précité.
blanche; née chez l'exposant.

287. — 21 m. 12 j. — Durham-suisse,   M. Rollet, précité.
rouanne; née chez l'exposant.

288. — 22 m. 10 j. — Durham-lorraine,   M. de Scitivaux de Greische, précité.
blanche.

289. — 23 m. — Durham croisée; née chez   M. Huguet, précité.
l'exposant.

290. — 23 m. 22 j.—Durham-lorraine, rouge   M. Rollet, précité.
et blanche; née chez l'exposant.

2ᵉ Section. — Génisses nées depuis le 1ᵉʳ mai 1863 et avant le 1ᵉʳ mai 1864, pleines ou à lait.

(1ᵉʳ prix, **400ᶠ**; 2ᵉ, **300ᶠ**.)

291. — 26 m — Hollandaise-durham; née   M. Pasquay, précité.
chez l'exposant.

292. — 28 m. 12 j. — Durham-schwitz,   M. Lamiable, précité.
rouge et blanche; née chez M. le ba-
ron de Benoist, à Waly (Meuse).

293. — 29 m. 15 j. — Durham-schwitz,   M. le baron de Benoist, précité.
rouge et noire; née chez l'expo-
sant.

294. — 31 m. 12 j. — Durham-lorraine,   M. Rollet, précité.
rouanne; née chez l'exposant.

295. — 32 m. 2 j. — Durham-bretonne-ayr-   Le même.
shire, rouge et blanche; née chez
l'exposant.

296. — 34 m — Durham croisée, rouge...   M. Viriat, précité.

297. — 35 m. — Durham croisée, froment   M. Pargon, précité.
et blanche; née chez l'exposant.

298. — 35 m. 14 j.— Durham-fribourgeoise,   M. de Scitivaux de Greische, précité.
rouanne; née chez M. Jobez.

3ᵉ Section. — Vaches nées avant le 1ᵉʳ mai 1863, pleines ou à lait.

(1ᵉʳ prix, **400ᶠ**; 2ᵉ, **300ᶠ**.)

299. — 39 m. 22 j. — Durham-lorraine,   M. Rollet, précité.
rouanne; née chez l'exposant.

300. — 40 m. — Durham-suisse, blanche et   M. Viriat, précité.
rouge.

301. — 40 m. 13 j. — Durham-lorraine,   M. Rollet, précité
rouanne; née chez l'exposant.

302. — 42 m. 9 j. — Durham-choletaise,   M. Lamiable, précité.
rouge; née chez M. Pruneau.

303. — 45 m. 15 j. — Durham-schwitz,   M. Namur, précité.
rouge; née chez M. le baron de
Benoist, à Waly (Meuse).

304. — 4 ans. — Durham croisée, rouge....   M. Viriat, précité.

305. — 4 ans 6 m. — Durham-hollandaise,   M. de Scitivaux de Greische, précité.
rouge et blanche; née chez l'expo-
sant.

306. — 4 ans 9 m. 2 j. — Durham-hollan-   M. Pargon, précité.
daise, blanche; née chez l'expo-
sant.

307. — 5 ans. — Durham-lorraine, rouge et   Le même.
blanche; née chez l'exposant.

308. — 5 ans. — Durham croisée, blanche;   Le même.
née chez l'exposant.

309. — 7 ans. — Durham-schwitz-lorraine,   M. le baron de Benoist, précité.
rouanne; née chez l'exposant.

7ᵉ CATÉGORIE.

CROISEMENTS DIVERS, AUTRES QUE CEUX DE LA 6ᵉ CATÉGORIE.

Mâles.

1ʳᵉ Section. — Animaux nés depuis le 1ᵉʳ mai 1864 et avant le 1ᵉʳ mai 1865.

(1ᵉʳ prix, **300ᶠ**; 2ᵉ, **200ᶠ**.)

310. — 13 m. 3 j. — Hollandais-suisse, blanc   M. Diémer (J.), précité.
et noir; né chez l'exposant.

311. — 13 m. 20 j. — Alsacien-suisse, fro-   M. Müller, précité.
ment et blanc; né chez l'exposant.

312. — 18 m. — Hollandais-vosgien, noir et   M. Aubert, précité
blanc; né chez Madame Thiébaud,
à Neuviller-sur-Moselle (Moselle).

313. — 19 m. — Appenzell-alsacien, gris; né   M. Freysz (Jacques), précité.
chez l'exposant.

314. — 20 m. — Suisse croisé; né chez   M. Mook, à Obersébach (Bas-Rhin).
M. Bécker, à Obersébach (Bas-
Rhin).

315. — 22 m. — Lorrain-normand, blanc; né   M. Broquet, précité.
chez l'exposant.

316. — 23 m. — Suisse croisé, noir.......   M. Lemaistre, précité.

317. — 23 m. — Suisse croisé, noir.......   Le même.

318. — 24 m. — Hollandais-suisse, noir et   M. Houillon, précité.
blanc; né chez l'exposant.

2ᵉ Section. — Animaux nés avant le 1ᵉʳ mai 1864.

(1ᵉʳ prix, **300ᶠ**; 2ᵉ, **200ᶠ**.)

319. — 25 m. — Schwitz-hollandais, gris; M. Aubert, précité.
né chez l'exposant.

320. — 28 m. — Hollandais - simmenthal, M. Ammann, à Mommenheim (Bas-Rhin).
noir; né chez l'exposant.

321. — 36 m. 7 j. — Hollandais-suisse, noir M. Bauer, précité.
et blanc; né chez l'exposant.

Femelles.

1ʳᵉ Section. — Génisses nées depuis le 1ᵉʳ mai 1864 et avant le 1ᵉʳ mai 1865, n'ayant pas encore fait veau.

(1ᵉʳ prix, **200ᶠ**; 2ᵉ, **100ᶠ**.)

322. — 12 m. — Hollandaise-schwitz, noire; M. Radat, précité.
née chez l'exposant.

323. — 12 m. 2 j. — Hollandaise-lorraine, M. André, précité.
rouge et blanche; née chez l'expo-
sant

324. — 12 m. 4 j. — Hollandaise - suisse, M. Freysz (Jean), précité.
rouge et blanche; née chez l'expo-
sant.

325. — 12 m. 17 j. — Lorraine-vosgienne M. Viriat, précité.
noire; née chez l'exposant.

326. — 13 m. — Hollandaise-suisse, noire et M. Antoine (Louis), précité.
blanche; née chez l'exposant.

327. — 16 m. 8 j. — Appenzell-alsacienne, M. Fritsch (Martin), à Gonwiller (Bas-Rhin).
blanche; née chez l'exposant.

328. — 17 m. 9 j. — Hollandaise-alsacienne, M. Meyer, à Strasbourg (Bas-Rhin).
noire et blanche; née chez l'expo-
sant.

329. — 17 m. 28 j. — Suisse - hollandaise, M. Lemaistre, précité.
noire et blanche; née chez l'expo-
sant.

330. — 19 m. 9 j. — Suisse-hollandaise, noire Le même.
et blanche; née chez l'exposant.

331. — 21 m. 20 j. — Suisse-hollandaise, Le même.
noire et blanche; née chez l'expo-
sant.

332. — 22 m. 19 j. — Suisse-hollandaise, Le même.
noire; née chez l'exposant.

333. — 23 m. — Hollandaise - lorraine, M. Aubert, précité.
noire et blanche; née chez l'expo-
sant.

334. — 23 m. 5 j. — Hollandaise - suisse, M. Freysz (Jean), précité.
rouge et blanche; née chez l'expo-
sant.

335. — 23 m. 18 j. — Hollandaise - suisse,   M. Freysz (Jean), précité.
blanche et rouge; née chez l'expo-
sant.

336. — 23 m. 20 j. — Schwitz - alsacienne,   •M. Katterlet, précité.
rouge; née chez l'exposant.

2 Section. — Génisses nées depuis le 1ᵉʳ mai 1863 et avant le 1ᵉʳ mai 1864, pleines ou à lait.

(1ᵉʳ prix, **300ᶠ**; 2ᵉ, **200ᶠ**.)

337. — 24 m. 12 j. — Hollandaise-suisse,   M. Diémer (J.), précité.
blanche et noire; née chez l'ex-
posant.

338. — 24 m. 14 j. — Suisse-alsacienne,   M. Betz (Jean), à Wihr-en-Plaine (Haut-Rhin).
noire et blanche; née chez l'ex-
posant.

339. — 25 m. — Schwitz-lorraine, brune   M. Broquet, précité.
et blanche; née chez l'exposant.
(1ᵉʳ prix au conc. rég. de Chaumont en
1865.)

340. — 25 m. 16 j. — Hollandaise - alsa -   M. Kleinmann, à Strasbourg (Bas-Rhin).
sienne, noire; née chez l'expo-
sant.

341. — 25 m. 20 j. — Simmenthal - alsa -   M. Lieuhardt, à Strasbourg (Bas-Rhin).
cienne, noire; née chez l'expo-
sant.

342. — 28 m...... —Blanche et noire; née   M. Bastian, à Berstell (Bas-Rhin).
chez l'exposant.

343. — 29 m. 14 j. — Hollandaise - fla -   M. Passé-Sorbet, précité.
mande, blanche; née chez l'ex-
posant.

344. — 31 m. 11 j. — Schwitz-alsacienne,   M. Katterlet, précité.
noire et blanche; née chez l'ex-
posant.

345. — 33 m. 24 j. — Hollandaise-suisse,   M. Bauer, précité.
noire et blanche; née chez l'ex-
posant.

346. — 34 m. — Hollandaise - alsacienne;   M. Weber, à Oberhausbergen (Bas-Rhin).
née chez l'exposant.

347. — 35 m..... — Blanche; née chez   M. de Scitivaux de Greische, précité.
l'exposant.

348. — 35 m. 27 j. — Choletaise - charo-   M. Lamiable, précité.
laise, blanche; née chez M. Pru-
neau.
(1ᵉʳ prix au conc. rég. de Chaumont en
1865.)

3ᵉ SECTION. — Vaches nées avant le 1ᵉʳ mai 1863, pleines ou à lait.

(1ᵉʳ prix, **300ᶠ**; 2ᵉ, **200ᶠ**.)

349. — 36 m. 10 j. — Appenzell-alsacienne, grise; née chez l'exposant.　　M. Barthelmé, précité.

350. — 38 m. 23 j. — Choletaise-charolaise, froment; née chez M. Pruneau.　　M. Lamiable, précité.

351. — 39 m. — Hollandaise-alsacienne, noire et blanche; née chez l'exposant.　　M. Kleinmann, précité.

352. — 40 m. — Hollandaise-suisse, noire; née chez M. Orthel.　　M. Radat, précité.

353. — 43 m. 8 j. — Simmenthal-alsacienne, noire et blanche; née chez l'exposant.　　M. Bauer, précité.

354. — 44 m. Suisse et de pays, blanche; née chez l'exposant.　　M. Jacques, précité.

355. — 46 m. — Hollandaise-simmenthal, blanche et noire; née chez M. Schreider, à Wantzenau.　　M. Weber, précité.

356. — 47 m. 10 j. — Hollandaise-suisse, blanche et grise; née chez l'exposant.　　M. Diémer (J.), précité.

357. — 4 ans 5 m. 3 j. — Suisse croisée, noire.　　M. Crenner, à Niederbronn (Bas-Rhin).

358. — 5 ans. — Hollandaise-suisse, blanche et noire; née chez l'exposant.　　M. Diémer (J.), précité.

359. — 5 ans. — Schwitz-lorraine, noire et blanche; née chez l'exposant.　　M. Broquet, précité.

360. — 5 ans. — Hollandaise croisée, blanche et noire.　　M. Guimas, précité.

361. — 5 ans 8 m. — Bretonne-lorraine, rouge; née chez l'exposant.　　M. Viriat, précité.

362. — 6 ans 4 m. — Schwitz-alsacienne, froment; née chez l'exposant.　　M. Katterlet, précité.

363. — 6 ans 5 m. — Alsacienne croisée; née chez M. Kuntzmann, à Dossenheim (Bas-Rhin).　　M. Ammel, à Istenheim (Bas-Rhin).

364. — 6 ans 8 m..... — Rouge et blanche; née chez l'exposant.　　M. Bastian, précité.

365. — 7 ans. — Suisse-lorraine, rouge et blanche; née chez l'exposant.　　M. Pargon, précité.

366. — 7 ans 7 m. — Appenzell-alsacienne, brune; née chez l'exposant.　　M. Fritsch (Martin), précité.

2ᴱ CLASSE. — ESPÈCE OVINE.

(Les animaux exposés devront être nés avant le 1ᵉʳ mai 1865.)

1ʳᵉ CATÉGORIE.

RACES MÉRINOS ET MÉTIS-MÉRINOS.

Mâles.

(1ᵉʳ prix, **300ᶠ**; 2ᵉ, **250ᶠ**; 3ᵉ, **200ᶠ**; 4ᵉ. **150ᶠ**; 5ᵉ, **100ᶠ**.)

367. — 14 m. — Mérinos ; né chez l'exposant.   M. RADAT, à Bergheim (Haut-Rhin).

368. — 18 m. — Métis-mérinos ; né chez l'exposant.   M. FAGOT, à Mazerny (Ardennes).

369. — 24 m. — Mauchamp; né à la bergerie impériale de Champlitte.   M. PARGON, à Salival (Meurthe).

370. — 24 m. — Métis-mérinos; né chez les exposants.   MM. BRICE et THIRY, à Champigneule (Meurthe).

371. — 25 m. — Mérinos..............   M. MICHENON, à Ameuville (Vosges).

372. — 26 m. — Mérinos; né chez l'exposant.   M. AUBERT, à Laneuville (Meurthe).

373. — 29 m. — Métis-mérinos ; né chez M. Gilbert, à Wideville (Seine-et-Oise).   M. SORBET-SORBET, à Saint-Fergeux (Ardennes).

374. — 30 m. — Métis-mérinos ; né chez l'exposant.   M. MISSET-DÉTÉ, à Écly (Ardennes).

375. — 30 m. — Mérinos; né à la bergerie impériale de Rambouillet.   Le même.

376. — 30 m. — Mérinos; né à la bergerie impériale de Rambouillet.   M. PASSÉ-SORBET, à Nanteuil (Ardennes).

377. — 30 m. — Métis-mérinos ; né chez l'exposant.   M. FAILLETTE, à Charpentry (Meuse).

378. — 31 m. — Mérinos; né à la bergerie impériale des Chambois.   M. ROMAZZOTTI, à Obermichelbach (Haut-Rhin).

379. — 31 m. — Mauchamp; né à la bergerie impériale des Chambois.   Le même.

380. — 34 m. — Métis-mérinos ; né chez M. Pluchet, à Trappes (S.-et-Oise).   MM. BRICE et THIRY, précités.

381. — 36 m. — Mérinos; né à la bergerie impériale de Gévrolles.   M. PARGON, précité.

382. — 43 m. — Mérinos; né à la bergerie impériale des Chambois.   M. ROMAZZOTTI, précité.

383. — 43 m. — Mauchamp ; né à la ber-   M. Romazotti, précité.
     gerie impériale des Chambois.
384. — oo m. — Mérinos ; né à la bergerie   M. Drappier (Ernest), à Hellocourt (Meurthe).
     impériale de Rambouillet.

Femelles.

(Lots de 5 brebis.)

(1ᵉʳ prix, **300**ᶠ; 2ᵉ, **250**ᶠ 3ᵉ, **200**ᶠ; 4ᵉ, **150**ᶠ; 5ᵉ, **100**ᶠ.)

385. — 15 m. — Métis-mérinos ; nées chez   M. Romazzotti, précité.
     l'exposant.
386. — 16 m. — Métis-mérinos ; nées chez   M. Misset-Dété, précité.
     l'exposant.
387. — 18 à 20 m. — Mérinos ; nées chez   M. Michenon, précité.
     l'exposant.
388. — 27 m. — Métis-mérinos; nées chez   M. Romazotti, précité.
     l'exposant.
389. — 28 m. — Métis-mérinos ; nées chez   M. Faillette, précité.
     l'exposant.
390. — 29 m. 11 j. à 30 m. 4 j. — Métis-mé-   M. Fagot, précité.
     rinos ; nées chez l'exposant.
391. — 30 m. — Métis-mérinos; nées chez   M. Misset-Dété, précité.
     l'exposant.
392. — 34 m. — Métis-mérinos; nées chez   MM. Brice et Thiry, précités.
     les exposants.
393. — 42 m. — Métis-mérinos; nées chez   M. Misset-Dété, précité.
     l'exposant.
394. — 42 m. — Métis-mérinos; nées chez   M. Lequin, à Harchéchamp (Vosges).
     l'exposant.
395. — 3 à 5 ans. — Métis-mérinos . . . .   M. Romazotti, précité.

2ᵉ CATÉGORIE.

RACES PURES A LAINE LONGUE.

(Dishley, wurtembergeoises, etc.)

Mâles.

(1ᵉʳ prix, **300**ᶠ; 2ᵉ, prix, **200**ᶠ.)

396. — 13 m. 10 j. — Dishley; né chez l'ex-   M. Pargon, précité.
     posant.
397. — 14 m. 25 j. — Dishley; né chez l'ex-   Le même.
     posant.
398. — 26 m. — Comtois; né chez l'expo-   M. Michenon, précité.
     sant.
399. — 46 m. — Dishley; né chez M. Pargon,   M. Fagot, précité.
     à Salival (Meurthe).

Femelles.

Lots de 5 brebis.

(1ᵉʳ prix, **300**ᶠ; 2ᵉ, **200**ᶠ.)

400. — 13 m. — Dishley; nées chez l'exposant. M. Pargon, précité.

401. — 14 m. — Saxonnes; nées chez l'exposant. M. Diémer (J.), à Strasbourg (Bas-Rhin).

402. — 26 m. — Saxonnes; nées chez l'exposant. Le même.

3ᵉ CATÉGORIE.

RACES PURES A LAINE COURTE.

Mâles.

(1ᵉʳ prix, **300**ᶠ; 2ᵉ, **250**ᶠ; 3ᵉ, **200**ᶠ; 4ᵉ, **100**ᶠ.)

403. — 12 m. 20 j. — South-down; né chez
l'exposant. M. Pargon, précité.

404. — 13 m.—Charmoise; né chez l'exposant. M. Rollet, à Thiaucourt (Meurthe).

405. — 13 m. 10 j. — South-down; né chez
l'exposant. M. Pargon, précité.

406. — 24 m. — .... Né chez l'exposant.. M. Michenon, précité.

407. — 25 m.—Charmoise; né chez l'exposant. M. Rollet, précité.

408. — 25 m. — Suisse; né chez l'exposant. M. Michenon, précité.

409. — 26 m. — South-down; né chez l'exposant. M. Pargon, précité.

410. — 27 m. — Suisse; né chez l'exposant. M. Lequin, précité.

411. — 33 m. — South-down; né à la berge-
rie impériale de Vincennes. M. Drappier (Jules), à Ormes (Meurthe).

412. — 36 m. — Suisse; né chez l'exposant. M. Bès de Berg, à Brumath (Bas-Rhin).

413. — 38 m. — South-down; né à la ferme
impériale de Vincennes. M. Diémer (J.), précité.

414. — 4 ans.—South-down; né chez M. Par-
gon, à Salival (Meurthe). M. Barthelmé, à Sand (Bas-Rhin).

Femelles.

(Lots de 5 brebis.)

(1ᵉʳ prix, **300**ᶠ; 2ᵉ, **250**ᶠ; 3ᵉ, **200**ᶠ; 4ᵉ, **100**ᶠ.)

415. — 12 m. — Suisses.............. M. Michenon, précité.

416. — 13 m. — Charmoise; nées chez l'exposant. M. Rollet, précité.

417. — 13 m. — South-down; nées chez l'exposant. M. Pargon, précité.

418. — 26 m. — Suisses; nées chez l'expo- M. Bès de Berc, précité.
      sant.
419. — 42 m. — Suisses; nées chez l'expo- M. Lequin, précité.
      sant.

4ᵉ CATÉGORIE.

CROISEMENTS DIVERS.

Mâles.

(1ᵉʳ prix, **300ᶠ**; 2ᵉ, **200ᶠ**; 3ᵉ, **150ᶠ**.)

420. — 14 m. 23 j. — South-down-lorrain; M. Pargon, précité.
      né chez l'exposant.
421. — 15 m. — Chamoise croisé; né chez M. Romazzotti, précité.
      l'exposant.
422. — 15 m. 3 j. — South-down-lorrain : né M. Pargon, précité.
      chez l'exposant.
423. — 15 m. 15 j. — South-down-lorrain; Le même.
      né chez l'exposant.
424. — 24 m. — Dishley-métis-mérinos; né MM. Brice et Thiry, précités.
      chez les exposants.
425. — 25 m. 26 j. — Dishley-mérinos; né à M. Fagot, précité.
      la bergerie impériale de Tingry
      (Pas-de-Calais).
426. — South-down-suisse, né chez l'exposant. M. Lequin, précité.

Femelles.

(Lots de 5 brebis.)

(1ᵉʳ prix, **300ᶠ**; 2ᵉ, **200ᶠ**; 3ᵉ, **150ᶠ**; 4ᵉ, **100ᶠ**).

427. — 12 m. — South-down-lorraines; nées M. Barthelmé, précité.
      chez l'exposant.
428. — 13 m. 15 j. — South-down-lorraines; M. Pargon, précité.
      nées chez l'exposant.
429. — 15 m. — Charmoises croisées; nées M. Romazzotti, précité.
      chez l'exposant.
430. — 18 m. à 18 m. 13 j. — Dishley-méri- M. Fagot, précité.
      nos; nées chez l'exposant.
431. — 24 m. — South-down-lorraines; nées M. Barthelmé, précité.
      chez l'exposant.
432. — 27 m. — Charmoise croisées; nées M. Romazzotti, précité.
      chez l'exposant.
433. — 4 ans. — South-down-lorraines; nées M. Barthelmé, précité.
      chez l'exposant.
434. — 3 à 5 ans. — Charmoise croisées; M. Romazzotti, précité.
      nées chez l'exposant.

3ᴱ CLASSE.—ESPÈCE PORCINE.

(Les animaux exposés devront être nés avant le 1ᵉʳ décembre 1865.)

———

1ʳᵉ CATÉGORIE.

RACES INDIGÈNES PURES OU CROISÉES ENTRE ELLES.

Mâles.

(1ᵉʳ prix, **250ᶠ**; 2ᵉ, **200ᶠ**; 3ᵉ, **150ᶠ**; 4ᵉ, **100ᶠ**.)

435. — 24 m. — Alsacien, blanc; né chez l'exposant.   M. Bès de Berc, à Brumath (Bas-Rhin).

436. — 24 m. — Alsacien, blanc et noir; né chez l'exposant.   M. Freysz, à Entzheim (Bas-Rhin).

437. — 42 m. — Lorrain, blanc; né chez M. Millon (Meuse).   M. Bailleux, à Noyers (Meuse).

Femelles pleines et suitées.

(1ᵉʳ prix, **200ᶠ**; 2ᵉ, **150ᶠ**; 3ᵉ, **125ᶠ**; 4ᵉ, **100ᶠ**.)

438. — 9 m. — Lorraine, blanche; née chez l'exposant.   M. Aubert, à Neuviller (Moselle).

439. — 14 m. 24 j. — Alsacienne, blanche; née chez l'exposant.   M. Rebstock, à Lingolsheim (Bas-Rhin).

440. — 16 m. — Meusienne, blanche; née chez l'exposant.   M. Broquet, à Void (Meuse).

441. — 19 m. — Lorraine-artésienne, blanche; née chez M. Sauvage, au Vieux-Moutiers (Meuse).   M. Vannetelde, à Noyer (Meuse).

442. — 24 m. — Alsacienne, blanche; née chez l'exposant.   M. Freysz (Jacques), précité.

443. — 32 m. — Limousine, noire........   M. Prévot, à Maxeville (Meurthe), précité.

444. — 45 m. — Artésienne, blanche......   M. Bailleux, précité.

445. — 4 ans. — Alsacienne, blanche; née chez l'exposant.   M. Bès de Berc, précité.

446. — 6 ans. — Alsacienne, blanche; née chez l'exposant.   Le même.

2ᵉ CATÉGORIE.

RACES ÉTRANGÈRES PURES OU CROISÉES ENTRE ELLES.

Mâles.

(1ᵉʳ prix, **250ᶠ**; 2ᵉ, **200ᶠ**; 3ᵉ, **150ᶠ**; 4ᵉ, **100ᶠ**; 5ᵉ, **80ᶠ**.)

447. — 5 m. 14 j. — Hampshire, noir et blanc; né chez M. Broquet, à Void (Meuse). — M. FAGOT, à Mazerny (Ardennes).

448. — 6 m. 15 j. — New-leicester, blanc; né chez l'exposant. — M. DE SCITIVAUX DE GREISCHE, à Villers-lez-Nancy (Meurthe)

449. — 7 m. — Hampshire-middlesex, noir et blanc; né chez l'exposant. — M. BROQUET, précité.

450. — 7 m. 15 j. — Berkshire, blanc et noir; né chez l'exposant. — M. DIÉMER (J.), à Strasbourg (Bas-Rhin).

451. — 12 m. — Hampshire, noir et blanc; né chez M. Broquet, à Void (Meuse). — M. de SCHACKEN, à Nancy (Meurthe).

452. — 12 m. — Berkshire, noir et blanc; né chez l'exposant. — M. BÈS DE BERC, précité.

453. — 14 m. — Hampshire, noir et blanc; né chez M. Broquet, à Void (Meuse). — M. FROMONT, à Sorcy (Meuse).

454. — 14 m. 3 j. — Berkshire, noir; né chez l'exposant. — M. PRÉVOT, précité.

455. — 15 m. — Hampshire, noir et blanc; né chez l'exposant. — M. BROQUET, précité.

456. — 16 m. — Hampshire, noir et blanc; né chez l'exposant. — M. ANDRÉ, à Pont-à-Mousson (Meurthe).

457. — 18 m. — Windsor, blanc; né chez M. Prévot, à Nancy (Meurthe). — M. AUBERT, précité.

458. — 18 m. — Anglais, noir et blanc; né chez l'exposant. — M. RADAT, à Bergheim (Haut-Rhin).

459. — 19 m. 20 j. — Berkshire, blanc et noir; né chez l'exposant. — M. DIÉMER (J.), précité.

460. — 24 m. — New-leicester, blanc; né chez l'exposant. — M. DE SCITIVAUX DE GREISCHE, précité.

Femelles pleines ou suitées.

(1ᵉʳ prix, **200ᶠ**; 2ᵉ, **150ᶠ**; 3ᵉ, **100ᶠ**; 4ᵉ, **80**; 5ᵉ, **70ᶠ**.)

461. — 8 m. — Hampshire-middlesex, noire et blanche; née chez l'exposant. — M. BROQUET, précité.

462. — 9 m. — Hampshire, noire et blanche; née chez l'exposant. — M. JOLY, à Nancy (Meurthe).

463. — 10 m. — Hampshire, noire et blanche; née chez M. Broquet, à Void (Meuse). — M. DE SCHACKEN, précité.

464. — 11 m. — Hampshire, noire et blanche; née chez M. Broquet, à Void (Meuse).   M. Fromont, précité.

465. — 11 m. — Hampshire-berkshire, noire et blanche; née chez l'exposant.   M. Prévot, précité.

466. — 12 m. — Hampshire, noire et blanche; née chez l'exposant.   M. Broquet, précité.

467. — 12 m. — Berkshire, noire et blanche; née chez l'exposant.   M. Bès de Berc, précité.

468. — 12 m. 2 j. — Hampshire, noire et blanche; née chez M. Broquet, à Void (Meuse).   M. Fagot, précité.

469. — 12 m. 14 j. — Hampshire-berkshire, noire et blanche; née chez l'exposant.   M. Prévot, précité.

470. — 12 m. 19 j. — Berkshire, noire; née chez l'exposant.   Le même.

471. — 15 m. — New-leicester, blanche; née chez l'exposant.   M. de Scitivaux de Greische, précité.

472. — 17 m. 6 j. — Anglaise, blanche; née chez l'exposant.   M. Joly, précité.

473. — 17 m. 10 j. — Middlesex, blanche; née chez M. Broquet, à Void (Meuse).   M. André, précité.

474. — 18 m. — Berkshire, blanche et noire; née chez l'exposant.   M. Diémer (J.), précité.

475. — 18 m. — Hampshire, noire et blanche; née chez l'exposant.   M. Broquet, précité.

776. — 18 m. — Hampshire, noire et blanche; née chez l'exposant.   Le même.

477. — 24 m. — New-leicester, blanche; née chez l'exposant.   M. de Scitivaux de Greische, précité.

478. — 27 m. — Anglaise, blanche; née chez M. Kiémer, à Gunsbach.   M. Radat, précité.

479. — 28 m. — Anglaise, noire et blanche; née chez l'exposant.   Le même.

480. — 35 m. — Berkshire, blanche et noire; née chez l'exposant.   M. Diémer (J.), précité.

3ᵉ CATÉGORIE.

CROISEMENTS DIVERS ENTRE RACES ÉTRANGÈRES ET RACES FRANÇAISES.

Mâles.

(1ᵉʳ prix, **150ᶠ**; 2ᵉ, **100ᶠ**.)

481. — 7 m. 13 j. — Anglo-alsacien, blanc et noir.   M. Rebstock, précité.

482. — 8 m. — Middlesex-meusien, blanc; né chez l'exposant.   M. Broquet, précité.

483. — 8 m. 7 j. — Anglo-alsacien, blanc; M. Diémer (J.), précité.
né chez l'exposant.

484. — 10 m. 16 j. — Berkshire-limousin, M. Prévot, précité.
noir et blanc; né chez l'exposant.

Femelles pleines ou suitées.

(1ᵉʳ prix, **150ᶠ**; 2ᵉ, **100ᶠ**; 3ᵉ, **80ᶠ**.)

485. — 5 m. 15 j. — Anglo-française; née M. Joly, précité.
chez l'exposant.

486. — 7 m. — Middlesex-lorraine, noire; M. de Schacken, précité.
née chez l'exposant.

487. — 8 m. — Middlesex-lorraine, blanche; Le même.
née chez l'exposant.

488. — 8 m. — Middlesex-indigène, blanche; M. Fromont, précité.
née chez l'exposant.

489. — 8 m. — Middlesex-meusienne, blan- M. Broquet, précité.
che; née chez l'exposant.

490. — 9 m. — Middlesex-meusienne; née Le même.
chez l'exposant.

491. — 15 m. — Française-anglaise, blan- M. Radat, précité.
che; née chez l'exposant.

492. — 15 m. 4 j. — Windsor-lorraine, blan- M. Prévot, précité.
che; née chez l'exposant.

493. — 18 m. 9 j. — Anglo-alsacienne, blan- M. Diémer (J.), précité.
che; née chez l'exposant.

494. — 22 m. — Hampshire-limousine, noire; M. Prévot, précité.
née chez l'exposant.

495. — 36 m. — Alsacienne-anglaise, noire M. Freysz (Jacques), précité.
et blanche; née chez M. Phume-
neau, à Plotsheim (Bas-Rhin).

496. — 7 ans. — Alsacienne-chinoise, noire; M. Münch, à Lingolsheim (Bas-Rhin).
née chez M. Bierlein.

4ᴱ CLASSE. — ANIMAUX DE BASSE-COUR.

Les lots de coq et poules doivent être composés d'un mâle et de deux femelles au moins.
(3 médailles d'argent, 10 de bronze et **400ᶠ**.)

M. BENTZ, à Strasbourg (Bas-Rhin).

497. Oies d'Alsace.

M. BES DE BERC, à Brumath (Bas-Rhin).

498. Coq et poules brahma.
499. Coq et poules de Crèvecœur.
500. Coq et poules brahma croisés crèvecœur.
501. Coq et poules.
502. Pintades.
503. Canards de Barbarie.
504. Canards de pays.
505. Canards de Barbarie croisés.
506. Oies.
507. Oies de Toulouse.

M. BEYER, à Strasbourg (Bas-Rhin).

508. Coq et poules cochinchinois jaunes.
509. Coq et poules de la Flèche.
510. Coq et poules de Crèvecœur.
511. Coq et poules de Houdan.
512. Oies de Toulouse.
513. Canards.

M. BILLOT, à Mutzig (Bas-Rhin).

514. Coq et poules cochinchinois.
515. Coq et poules de la Flèche.
516. Coq et poules de Crèvecœur.
517. Coq et poules de Houdan.
518. Coq et poules hollandais.
519. Coq et poules coucous d'Anvers.
520. Coq et poules de Padoue.
521. Coq et poules bantam.
522. Coq et poules de Java.
523. Canards d'Aylesbury.

M. DIÉMER, à Strasbourg. (Bas-Rhin).

524. Coq et poules brahma.
525. Coq et poules dorking.
526. Coq et poules d'Alsace.
527. Coq et poules d'Alsace.
528. Coq et poules d'Alsace.
529. Coq et poules hollandais.
530. Dindons.

M. GASCUEL, à Strasbourg (Bas-Rhin).

531. Coq et poules cochinchinois blancs.

M. GEORGE, à Mirecourt (Vosges).

532. Coq et poules normands.
533. Coq et poules de Crèvecœur.
534. Canards hollandais.
535. Oies de Toulouse.
536. Lapin mâle.
537. Lapin femelle.

M. GUIMAS, directeur de la colonie agricole d'Ostwald (Bas-Rhin).

538. Coq et poules brahma.
539. Coq et poules russes.
540. Canards normands.
541. Canards de Barbarie.

M. LEMAISTRE, à Krautwiller (Bas-Rhin).

542. Coq et poules brahma.
543. Coq et poules de Crèvecœur.
544. Coq et poules houdan.

545. Dindons.
546. Canards croisés.

Mlle RADAT, à Bergheim (Haut-Rhin).

547. Oies de Guinée.

548. Canards de Barbarie.

M. SCHOTT, à Strasbourg (Bas-Rhin).

549. Lapin bélier mâle.

550. Lapin bélier femelle.

M. WITZ, à Cernay (Haut-Rhin).

551. Coq et poules de la Flèche.
552. Coq et poules de Crèvecœur.

553. Coq et poules brahma.
554. Canards de Normandie.

M. VIRIAT, à Laneuville (Meurthe).

555. Bouc croisé.

556. Chèvre croisée.

INSTRUMENTS,

MACHINES ET APPAREILS AGRICOLES.

—o—

1ᴿᴱ SECTION. — EXPOSANTS DE LA RÉGION.

M. ANDRÉ, à Strasbourg (Bas-Rhin).

1. Meubles et ustensiles de jardin, inventés et exécutés par l'exposant.

M. BARDIN, à Sénard (Meuse).

2. Charrue, inventée et perfectionnée par l'exposant.................... 150ᶠ

3. Charrue-araire, inventée, perfectionnée et exécutée par l'exposant. 150ᶠ

M. BASTIEN, à Strasbourg (Bas-Rhin).

4. Appareil pour la plantation et la récolte du houblon, inventé et exécuté par l'exposant.

MM. BEAUMONT et PERRIN, à Strasbourg (Bas-Rhin).

5. Machine à élever les eaux, inventée par M. Beaumont, perfectionnée par les exposants. (Médaille d'argent au conc. rég. de Versailles en 1865.)

M. LE BEL, à Lamperstlock (Bas-Rhin).

6. Charrue...................... 100ᶠ
7. Rouleau...................... 100

8. Laveuse de Topinambours........ 45ᶠ

M. BERTSCHY, à Wintzenbach (Bas-Rhin).

9. Machine à sarcler le tabac, perfectionnée par l'exposant, exécutée par M. Wohlhü-ter, à Wintzenbach.......... 40ᶠ 00ᶜ

10. Butteur, perfectionné par l'exposant, exécuté par M. Wohlhüter. 45 00

11. Semoir, perfectionné par l'exposant, exécuté par M. Wolhlhü-ter. 40ᶠ 00ᶜ

21. Scarificateur, exécuté par M. Wohlhüter 12 00

13. Fourche à foin, inventée par M. Wohlhüter, exécutée par l'exposant............... 2ᶠ 50ᶜ

14. Enclume pour battre les faux...... 7ᶠ

15. Charrue araire, perfectionnée par l'exposant, exécutée par M. Wohlhüter.

M. BEYER, à Strasbourg (Bas-Rhin).

16. Couvoir artificiel, perfectionné et exécuté par l'exposant....................... 100ᶠ

M. BLOCH, à Duttlenheim (Bas-Rhin).

17. Appareil pour préparer le foin avant de le faire passer dans un hache-paille, inventé et exécuté par l'exposant... 15ᶠ

M. BOSSU, à Bazoille (Vosges).

18. Tarare....................... 60ᶠ

19. Tarare....................... 55

20. Tarare....................... 75

21. Tarare, inventé par l'exposant. ... 90

22. Coupe-racines, inventé par l'exposant.

23. Coupe-racines, inventé par l'exposant.

24. Coupe-racines à double effet, inventé par l'exposant......... 110

25. Hache-paille, inventé par l'exposant. 85

26. Hache-paille, inventé par l'exposant. 115

27. Baratte, inventée par l'exposant.. 28

28. Baratte à engrenages, inventée par l'exposant................. 26ᶠ

(Médaille d'argent au conc. rég. d'Épinal en 1864.)

29. Baratte, inventée par l'exposant... 30

30. Baratte, inventée par l'exposant... 30

31. Baratte, inventée par l'exposant... 32

32. Baratte, inventée par l'exposant... 35

33. Baratte, inventée par l'exposant... 38

34. Baratte, inventée par l'exposant... 40

35. Baratte, inventée par l'exposant... 44

36. Machine à broyer les pommes de terre.

Le tout perfectionné et exécuté par l'exposant.

M. BOUILLY, à Verdun (Meuse).

37. Appareil servant à guider les charrues à avant-train, inventé par l'exposant........ 20ᶠ

M. BOURGON, à Niederviller (Meurthe).

38. Tuyaux de drainage et autres produits en terre cuite.

Exécutés par l'exposant.

M. BRAUNAGEL, à Strasbourg (Bas-Rhin).

39. Machine élévatoire.......... 1,002ᶠ

40. Machine élévatoire........... 450ᶠ

Ces deux machines inventées par M. Maginot, perfectionnées et exécutées par l'exposant.

MM. BRICE et THIRY, à Champigneulles (Meurthe).

41. Houe à cheval... 45'

M. BRICE (Charles), à Ville-au-Val (Meurthe).

42. Charrue Dombasle, perfectionnée et exécutée par l'exposant.................. 125'

M. CORROY, à Neufchâteau (Vosges).

43. Tarare, inventé par l'exposant.... 80'
    (Médaille d'argent au conc. rég. de
      Niort en· 1865.)
44. Tarare, inventé par l'exposant.... 70

45. Tarare, inventé par l'exposant.... 55'
46. Trieur Marot.................. 33o
47. Trieur Marot.................. 25o

Perfectionnés et exécutés par l'exposant.

M. DAVID, à Saint-Louis (Haut-Rhin).

48. Machine à battre mobile......... 25o'
49. Manége mobile............... 4oo
50. Secoueur de paille applicable à la

machine à battre ou à tout autre
usage agricole.............. 7o'

Inventés, perfectionnés et exécutés par l'exposant.

M. DECLOUX, à Vouziers (Ardennes).

51. Sarcloir à cheval, inventé et exécuté par l'exposant......................... 1,5oo'

M. l'abbé DIDELOT, à Charny (Meuse.)

52. Araire simple.,................ 9o'
    (Médaille d'or au conc. rég. d'É-
    vreux en 1864.)
53. Araire fixe à système compensateur. 15o
    (Médaille d'or au conc. rég. de Ver-
    sailles en 1865.)

54. Araire simple................ 95'
55. Araire fixe à système compensateur. 145
56. Araire fixe à système compensateur. 155
57. Araire fixe à système compensateur,
    le kilogramme.............. 1' 5o

Le tout inventé et exécuté par l'exposant.

M. DIÉMER, à Strasbourg (Bas-Rhin.)

58. Charrue Dombasle.
59. Charrue Dombasle.
60. Charrue.
61. Charrue.
62. Charrue sous-sol.
63. Charrue butteuse.
64. Houe à cheval.
65. Herse en fer.

66. Herse en fer.
67. Rouleau.
68. Rouleau.
69. Scarificateur.
70. Semoir à main.
71. Faneuse.
72. Râteau à cheval.
73. Tonne à conduire le purin.

74. Chariot.	81. Hache-paille.
75. Pompe à purin.	82. Baratte.
76. Batteuse à manége, système Pinet.	83. Mesureuse de lait.
77. Tarare.	84. Pompe à incendie.
78. Crible trieur.	85. Pressoir de pommes.
79. Concasseur.	86. Pressoir de pommes de terre.
80. Coupe-racines.	

M. DUFFOCQ, à Strasbourg (Bas-Rhin.)

87. Meule à moulin, perfectionnée et exécutée par l'exposant...................... 700^f

M. ESSELIN, à Saint-Benoît (Meuse).

88. Charrue inventée, perfectionnée et exécutée par l'exposant.................... 160^f

M. FAUCHARD, à Chatenoy (Vosges).

89. Tarare..................... 60^f	91. Tarare....................... 5o^f
(Rappel de médaille de bronze au conc. rég. de Besançon en 1865.)	92. Tarare....................... 45
	93. Baratte........ 24
90. Tarare..................... 55^f	

Les tarares inventés, perfectionnés et exécutés par l'exposant.

M. FROMEYER, à Strasbourg (Bas-Rhin).

94. Treille pour la culture du houblon, inventée par l'exposant.

M. HEY, à Strasbourg (Bas-Rhin).

95. Machine à battre mobile...... 1,3oo^f	98. Vis de presoir.............. 14o^f
96. Machine à battre fixe......... 4oo	99. Pompe rotative 22o
97. Machine à battre fixe........ 35o	100. Pompe à incendie.......... 16o

Le tout perfectionné et exécuté par l'exposant.

M. HEYLANDS-SITTER, à Colmar (Haut-Rhin.)

101. Semoir à cheval............ 3oo^f	109. Houe à cheval............ 6o^f
102. Charrue Dombasle.......... 5o	110. Machine à battre, inventée, perfectionnée et exécutée par M. Pinet............... 625
103. Charrue Dombasle......... 48	
104. Charrue Dombasle......... 48	
105. Charrue araire Bodin....... 35	111. Manége à trois chevaux, inventé, perfectionné et exécuté par M. Pinet............ 5o5
106. Charrue sous-sol.......... 11o	
107. Charrue houblonnière, inventée, perfectionnée et exécutée par l'exposant........ 35	112. Machine à battre, inventée, perfectionnée et exécutée par M. Pinet............... 255
108. Herse Valcourt........... 5o	

113. Herse Valcourt............ 45ᶠ

114. Machine à battre, inventée,
perfectionnée et exécutée par
M. Pinet............... 1,000

115. Tarare, inventé, perfectionné
et exécuté par M. Pinet.... 177

116. Coupe-racines, inventé, perfectionné et exécuté par M. Pi-
Pinet.................. 90

117. Coupe-racines, inventé, perfectionné et exécuté par M. Pinet.................... 90

118. Ratissoire à main, inventée et
exécutée par l'exposant..... 22

119. Faucheuse moissonneuse, inventée et exécutée par l'exposant................... 800

120. Faucheuse............... 600

121. Râteau à cheval........... 250

122. Égrenoir de plantes fourragères,
inventé et exécuté par M. Pinet.................... 270

123. Véhicule de transport.......

124. Auge à porcs, exécutée par l'exposant................. 28

125. Barrière à bascule.......... 50

126. Rouleau articulé, inventé par
l'exposant.............. 210

127. Scarificateur............. 275

128. Coupe-racines............. 148ᶠ

129. Tarare................. 112

130. Butteur................ 12ᶠ 50ᶜ

131. Concasseur de grains....... 110ᶠ

132. Charrue pour arracher les
pommes de terre...........

133. Herse Bodin............. 18

134. Faneuse, inventée, perfectionnée et exécutée par l'exposant................... 400

135. Faneuse, inventée, perfectionnée et exécutée par l'exposant................... 400

136. Grille s'adaptant aux faneuses. 20

137. Butteur, inventé, perfectionné
et exécuté par l'exposant... 60

138. Hache-paille, inventé, perfectionné et exécuté par l'exposant................... 160

139. Hache-paille, inventé, perfectionné et exécuté par l'exposant................... 95

140. Charrue................ 40

141. Tarare................. 65

142. Tarare................. 55

143. Machine à peler les pommes de
terre, exécutée par l'exposant................... 60

M. IMBS, à Strasbourg (Bas-Rhin).

144. Fusil affiloir pour aiguiser les faux, inventé et exécuté par l'exposant............ 150ᶠ

(Médaille de bronze au concours régional d'Épinal en 1864.)

M. KAPP, à Eschau (Bas-Rhin).

145. Charrue dite américaine....... 62ᶠ   146. Charrue dite américaine........ 55ᶠ

Perfectionnées et exécutées par l'exposant.

MM. KOLB frères, à Strasbourg (Bas-Rhin).

147. Machine à vapeur, inventée par
les exposants............ 5,000ᶠ

148. Concasseur............... 150

149. Monte-sacs à frein automatique,
inventé par les exposants.... 480ᶠ

150. Machine à nettoyer l'orge...... 525ᶠ

151. Machine employée dans les bras-
series................. 1,800

152. Concasseur.............. 500

M. LANGLOIS, à Strasbourg (Bas-Rhin).

153. Séchoir à houblon, inventé par l'exposant, exécuté par M. Christophe, à Haguenau.

M. LEBLANC-NINEKLER, à Altkirch (Haut-Rhin).

154. Herse, perfectionnée par l'exposant............	45ᶠ		160. Concasseur de noix, perfectionné par l'exposant.............	22ᶠ
155. Herse..................	40		161. Pressoir mobile, inventé par l'exposant.................	250
156. Hache-paille simple..........	75		162. Machine à cintrer à bascule, inventée par l'exposant........	55
157. Hache-paille à pressoir mobile..:	90		163. Machine à cintrer avec engrenage, inventée par l'exposant.......	80
158. Hache-paille................	140			
159. Concasseur de noix, inventé par MM. Peugeot frères........	16			

M. LEIBRANG, à Rhinau (Bas-Rhin).

164. Tuyaux de conduite d'eau pour les irrigations.

M. LEMERCIER, à Damvillers (Meuse).

165. Machine à moissonner, inventée et exécutée par l'exposant.................. 280ᶠ

M. LEINING, à Strasbourg (Bas-Rhin).

166. Une vis de pressoir à vin. | 167. Essieux pour voiture.

Exécutés par l'exposant.

M. LEIMBERGER, à Strasbourg (Bas-Rhin).

168. Machine à broyer le chanvre, inventée et exécutée par l'exposant............ 650ᶠ

M. LIPPMANN, à Strasbourg (Bas-Rhin).

169. Charrue vigneronne........	35ᶠ 00ᶜ		171. Fer à cheval................	8ᶠ
170. Montant en fer remplaçant les échalas................	2 30		172. Baratte..................	60

Le tout exécuté par l'exposant.

M. LOMBARD, à Romagne-sous-Montfaucon (Meuse).

173. Charrue.		176. Extirpateur............le kil.　1ᶠ 20ᶜ
174. Charrue.		(1ᵉʳ prix à Bar-le-Duc en 1864.)
175. Charrue.		177. Houe à cheval.

Le tout inventé, perfectionné et exécuté par l'exposant.

M. LOUIS, aux Souhesmes (Meuse).

178. Charrue fixe, inventée, perfectionnée et exécutée par l'exposant............... 165ᶠ
(Médaille d'or au conc. rég. de Chaumont en 1865.)

M. MALBECK, à Strasbourg (Bas-Rhin).

179. Pompe à arrosage servant de pompe à incendie.
Inventée, perfectionnée et exécutée par l'exposant.

M. MANDEL, à Strasbourg (Bas-Rhin).

180. Fers à cheval.	182. Sabots ferrés.
181. Outils de maréchalerie.	

M. MARION, à Cornimont (Vosges).

183. Appareil aérateur pour rendre l'eau potable............. 10ᶠ | 184. Appareil aérateur de l'eau pour transporter le poisson vivant.. 20ᶠ
Inventés, perfectionnés et exécutés par l'exposant.

M. MULLER, à Strasbourg (Bas-Rhin).

185. Harnais.	186. Bricoles pour labour.

Inventés, perfectionnés et exécutés par l'exposant.

M. NEFF, à Osthausen (Bas-Rhin).

187. Charrue sans avant-train, exécutée par M. Kœnig............. 60ᶠ | 189. Machine à couper le bois, exécutée par M. Müller........ 20ᶠ
188. Charrue avec avant-train, exécutée par M. Kœnig............. 80 | 190. Charrue exécutée par M. Kœnig.
Le tout inventé par l'exposant.

M. NOIREL, à Strasbourg (Bas-Rhin).

191. Pompe à élévation, inventée, perfectionnée et exécutée par l'exposant............ 50ᶠ

M. PASQUAY, à Wasselonne (Bas-Rhin).

192. Charrue.................... 150ᶠ | 196. Houe à cheval............... 55ᶠ
193. Charrue sous-sol............ 80 | 197. Machine à vapeur locomobile.,... 850
194. Charrue sous-sol............ 105 | 198. Appareil Hugon pour la carbonisation des bois.
195. Machine à fabriquer les tuyaux de drainage. |

Mme PREIS et Cie, à Strasbourg (Bas-Rhin).

199. Ustensiles de jardins.

M. REYSZ, à Strasbourg (Bas-Rhin).

200. Pompe rotative à épuisement.... 900ᶠ | 201. Pompe à manége............ 300ᶠ
Inventée, perfectionnée et exécutée par l'exposant.

M. ROTH, à Bischleim (Bas-Rhin).

202. Charrue, perfectionnée et exécutée
par l'exposant............ 50ᶠ
203. Charrue, perfectionnée et exécutée
par l'exposant............ 30
204. Machine à battre............ 130

205. Voiture..................... 400ᶠ
206. Charrette pour transports agri-
coles..................... 60
207. Pressoir à vin.............. 250

M. SCHATTENMANN, à Bouxwiller (Bas Rhin).

208. Charrue, inventée et exécutée à
Grignon.................. 60ᶠ
(Médaille d'argent au concours régional de
Metz en 1861.)
209. Charrue sous-sol, exécutée par
l'exposant............... 55
210. Rouleau-squelette, inventé et exécuté par MM. Dombasle et Noël. 195
211. Houe à cheval, exécutée par l'exposant................... 40
212. Houe à cheval, inventée et exécutée par M. Peltier jeune... 35
213. Houe à cheval, perfectionnée et
exécutée par l'exposant...... 30
214. Brouette sarcleuse, exécutée par
l'exposant................ 15

215. Houe à cheval, exécutée par l'exposant................... 40ᶠ
216. Rayonneur, inventé et exécuté par
MM. Dombasle et Noël...... 57
217. Pyramide pour la culture du houblon.
218. Palissage en fer pour la vigne
plantée en ligne.
219. Harnais de bœuf et joug frontal.
220. Cages en lattes à claire-voie pour
la conservation des pommes de
terre.
(Ces 4 derniers appareils exécutés par l'exposant.)

M. SCHLERET, à Bergheim (Haut-Rhin).

221. Charrue, inventée, perfectionnée
et exécutée par l'exposant..... 42ᶠ
(Médaille d'argent au concours régional de
Colmar en 1860.)
222. Charrue araire, inventée, perfectionnée et exécutée par l'exposant..................... 95
(Rappel de 2ᵉ prix au concours régional
d'Épinal en 1864.)
223. Charrue tourne-oreille, perfec-

tionnée et exécutée par l'exposant..................... 40ᶠ
224. Charrue, inventée par M. Schverby,
exécutée par l'exposant...... 40
225. Charrue houblonnière......... 46
226. Charrue vigneronne........... 50
227. Charrue, inventée, perfectionnée
et exécutée par l'exposant.... 35
228. Charrue sous-sol, inventée, per-

fectionnée et exécutée par l'exposant............................ 50ᶠ
229. Charrue buttoir, perfectionnée et
exécutée par l'exposant...... 5o
230. Charrue en fer, inventée, perfectionnée et exécutée par l'exposant.................... 4o
231. Houe à cheval, inventée, perfectionnée et exécutée par l'exposant.................... 48ᶠ
232. Herse houblonnière, inventée et
exécutée par l'exposant...... 35ᶠ
233. Instruments à main pour la culture
des vignes et autres plantes en

ligne, inventés, perfectionnés et
exécutés par l'exposant....... 3oᶠ
234. Coupe-racines.............. 85
235. Hache-paille................. 110
(1ᵉʳ prix au conc. rég. d'Épinal en 1864.)
236. Hache-paille................. 200
(1ᵉʳ prix au conc. rég. de Bar-le-Duc en 1864.)
237. Hache-paille....... 165
(1ᵉʳ prix au conc. rég. de Roanne en 1864.)
238. Hache-paille................. 125
(Ces 5 derniers instruments inventés, perfectionnés et exécutés par l'exposant.)

M. SCHINDELÉ, à Strasbourg (Bas-Rhin).

239. Ruche à hausse et en verre,....................................... 7oᶠ

MM. THOMASSIN frères, à Tremond (Meuse).

240. Machine à battre mobile, rendant le grain vanné, exécutée par les exposants...... 88oᶠ

M. TROST, à Wolhxeim (Bas-Rhin).

241. Tarare.................... 85ᶠ
(Médaille de bronze à Colmar en 186o.)
242. Tarare.................... 45
     Perfectionnés et exécutés par l'exposant.

243. Tarare.................... 7oᶠ
244. Tarare.................... 45
245. Tarare.................... 85

MM. UTZSCHNEIDER et JAUNEZ, à Sarguemines (Moselle).

246. Pavage pour étable et écuries, le
mètre cube................ 5ᶠ
    Inventés, perfectionnés et exécutés par les exposants.

247. Briques, le cent............. 15ᶠ

MM. VIREY et Cⁱᵉ, à Saint-Dié (Vosges).

248. Charrue, inventée par M. Hum-
bert.
(Médaille d'argent au conc. rég. de Chaumont.)
249. Concasseur de graines......... 210ᶠ
(Rappel de 1ᵉʳ prix au conc. rég. de Chaumont en 1865.)
250. Concasseur de graines........ 13o
251. Concasseur de graines........ 100

252. Coupe-racines à disque....... 6oᶠ
(1ᵉʳ prix au conc. rég. de Chaumont en
1865.)
253. Coupe-racines.............. 5o
254. Coupe-racines.............. 45
255. Hache-paille 14o
256. Hache-paille................. 120
(1ᵉʳ prix au conc. rég. de Chaumont en
1865.)

257. Hache-paille.................. 100ᶠ
258. Hache-paille.................. 75

Le tout exécuté par les exposants.

259. Hache-paille.................. 60ᶠ

M. WIEDERKEHR, à Schelestadt (Bas-Rhin).

260. Manége portatif, inventé par l'exposant..................... 500ᶠ
 (2ᵉ prix au conc. rég. d'Épinal en 1864.)
261. Manége fixe, inventé par l'exposant..................... 400
262. Manége portatif, inventé par l'exposant..................... 340
 (2ᵉ prix au conc. rég. d'Épinal en 1864.)
263. Machine à battre mobile........ 900
264. Machine à battre fixe, rendant le grain vanné................. 550
265. Machine à battre mobile, ne vannant ni ne criblant.......... 280
266. Concasseur................... 90
267. Coupe-racines................ 70
268. Coupe-racines................ 40

269. Hache-paille.................. 130ᶠ
 (2ᵉ prix au conc. rég. de Nancy en 1862.)
270. Pressoir..................... 600
 (2ᵉ prix au conc. rég. d'Épinal, en 1864.)
271. Pressoir..................... 200
272. Machine à couper les navets ou les radis.................. 4
273. Vis en fer, le kilo............. 0ᶠ90ᶜ
274. Semoir planteur.............. 450ᶠ
275. Scie circulaire portative........ 55
276. Brouette à sacs.............. 10
277. Pressoir.................... 400
 (Rappel de médaille d'argent au conc. rég. de Colmar en 1860.)

Le tout perfectionné et exécuté par l'exposant.

M. WINSERHALLER, à Strasbourg (Bas-Rhin).

278. Collection d'instruments à main, exécutés par l'exposant.

M. WOHL, à Strasbourg (Bas-Rhin).

279. Presse à foin, à coton, à laine, etc. inventée et exécutée par l'exposant, de 160 à 8,000ᶠ

2ᴱ SECTION. — EXPOSANTS ÉTRANGERS A LA RÉGION.

MM. ALBARET et Cⁱᵉ, à Rantigny (Oise).

280. Machine à vapeur locomobile.. 4,000ᶠ
 (1ᵉʳ prix au conc. rég. de Beauvais en 1861.)
281. Machine à battre portative..... 1,600

282. Coupe-racines.............. 130ᶠ
283. Hache-paille................ 400
284. Hache-paille................ 130

Ces instruments inventés et exécutés par les exposants.

M. DÉ BRAY, à Arras (Pas-de-Calais).

285. Hachoir-diviseur, inventé, perfectionné et exécuté par l'exposant.

M. CHARLES, quai de l'École, n° 16, à Paris.

286. Appareil à cuire les légumes.... 100^f	290. Baratte en grès............ 30^f 00^c
(Médaille d'argent au conc. rég. de Cahors en 1865.)	291. Essoreuse de ménage.
287. Buanderie-baignoire.......... 130	292. Filtre mobile.
288. Baratte en verre............ 25	293. Machine à boucher les bouteilles.
(Médaille de bronze au conc. rég. de Nice en 1865.)	294. Collection de petits ustensiles, . de............ 0^f 10^c à 2^f 50^c
289. Baratte en verre............ 20	

Mme CHARVET et son fils, à Renages (Isère).

295. Versoirs de charrue.	300. Bêches.
296. Versoirs de charrue.	301. Acier naturel.
297. Versoirs de charrue.	302. Acier corroyé.
298. Socs de charrue.	303. Acier fondu.
299. Pelles.	

Les instruments perfectionnés et exécutés par les exposants.

M. DUBOIS, rue de la Butte-Chaumont, n° 6, à Paris.

304. Mors-frein empêchant les chevaux de s'emporter, inventé et perfectionné par l'exposant.

M. DURAND, à Diant (Seine-et-Marne).

305. Charrue.................. 148^f	308. Avant-train de charrue........ 30^f
306. Houe à cheval............ 50	309. Herse articulée............ 60
307. Houe à cheval............ 40	310. Butteur.................. 100

Le tout inventé, perfectionné et exécuté par l'exposant.

M. DURENNE, à Courbevoie (Seine).

311. Machine à vapeur locomobile, horizontale, force de 5 chevaux, inventée, perfectionnée et exécutée par l'exposant.

(Médaille d'argent au conc. rég. de Versailles en 1865.)

M. ELDIN, à Lyon (Rhône).

312. Pompe à purin............ 45^f	315. Pompe-brouette pour arrosage... 120^f
313. Pompe à purin............ 55	316. Pompe-brouette pour arrosage... 160
314. Pompe à purin............ 75	317. Grille d'arrosage pour les purins. 60

318. Pompe à vin............... 100ᶠ
319. Pompe à vin............... 75
320. Pompe à vin............... 350
321. Pompe................... 100
322. Pompe................... 90

323. Pompe................... 100ᶠ
324. Pompe à bière............. 300
325. Pompe de ferme à épuisement .. 150
326. Baignoire à cylindre......... 100

M. GALIBERT, boulevard de Sébastopol, n° 73, à Paris.

527. Appareil respiratoire, inventé, perfectionné et exécuté par l'exposant............. 125ᶠ
(Médaille d'or au conc. rég. de Nice en 1865.)

M. GALLOIN, à Neubourg (Ain).

328. Enclume pour battre les faux, inventée par l'exposant.
(Rappel de médaille d'argent au conc. rég. d'Alençon en 1865.)
Perfectionnés et exécutés par l'exposant.

329. Javellier en acier pour faucher le blé et le mettre en javelles, inventé par l'exposant.

M. GÉRARD, à Vierzon (Cher).

330. Machine locomobile à vapeur.. 4,500ᶠ
331. Machine locomobile à vapeur.. 5,300
Inventées, perfectionnées et exécutées par l'exposant.

332. Machine à battre............ 2,000ᶠ
333. Machine à trèfle............ 650

M. GOUBÉ, à Paris, boulevard de la Villette, n° 134.

334. Collier en encolure fixe......... 30ᶠ
(Médaille d'argent au conc. rég. de Versailles en 1865.)
Inventés et perfectionnés par l'exposant.

335. Collier à rallonge.............. 35ᶠ

M. HARTER aîné, à Colombey-les-deux-Églises (Haute-Marne).

336. Manége-locomobile......... 700ᶠ
337. Manége fixe.............. 325
338. Machine à battre fixe........ 700
339. Machine à battre mobile...... 1,300
340. Tarare............!... 45
(Médaille de bronze au conc. rég. de Chaumont en 1865.)
341. Trieur.................. 200
342. Trieur.................. 400
(Médaille de bronze au conc. rég. de Chaumont en 1865.)
343. Concasseur................ 225

344. Coupe-racines............ 70ᶠ
(Médaille d'argent au conc. rég. de Chaumont en 1865.)
345. Coupe-racines............ 80
346. Coupe-racines............ 90
347. Hache-paille 75
348. Hache-paille............. 110
349. Hache-paille............. 160
350. Pressoir mobile........... 2,400
351. Presse hydraulique......... 1,300
(Médaille d'or au conc. rég. de Chaumont, en 1865.)

352. Aplatisseur................ 200ᶠ
   (Médaille de bronze au conc. rég.
   de Chaumont en 1865.)
353. Brouette à sacs............ 12
354. Machine à teiller le chanvre et
   le lin................ 600

355. Brouette à sacs............ 18ᶠ
356. Monte-sacs................ 90
   (Médaille de bronze au conc. rég.
   de Chaumont en 1865.)
357. Monte-sacs à frein.......... 130

Le tout perfectionné et exécuté par l'exposant.

MM. HERMANN, LACHAPPELLE ET GLOVER, à Paris, boulevard Poissonnière, n° 144.

358. Machine à vapeur verticale.... 3,500ᶠ
   (Médaille d'or au conc. rég. de Versailles en 1865.)

359. Machine à vapeur horizontale.. 4,000ᶠ
   (Médaille d'or au conc. rég. de Versailles en 1865.)

Inventées, perfectionnées et exécutées par les exposants.

M. LHUILLIER, à Dijon (Côte-d'Or).

360. Trieur.................... 150ᶠ
   (Médaille d'argent au conc. rég.
   de Versailles en 1865.)
361. Trieur.................... 300

362. Trieur.................... 480ᶠ
   (Médaille d'argent au conc. rég. de Versailles en 1865.)

Inventés, perfectionnés et exécutés par MM. Dufour et Lhuillier.

M. MAGINOT, à Sermaize (Marne).

363. Semoir à cheval............ 200ᶠ
364. Moulin.................... 100
365. Comprimeur d'orge et d'avoine.. 80ᶠ

366. Machine à écraser les pommes de
   terre.................... 70ᶠ

M. MESNET, à Cinq-Mars-la-Pile (Indre-et-Loire).

367. Meules anglaises.
   (Médaille d'argent au conc. rég. de Saint-
   Brieuc en 1865.)

   Exécutées par l'exposant.

368. Meules demi-anglaises.
369. Meules à broyer les corps durs.

M. PAUL (François), à Vitry-le-François (Marne).

370. Coupe-racines.............. 110ᶠ

371. Coupe-racines.............. 110ᶠ

Inventés, perfectionnés et exécutés par l'exposant.

MM. PAULVÉ-MILLOT et fils, à Troyes (Aube).

372. Hache-paille................ 60ᶠ
373. Hache-paille................ 70
374. Hache-paille.. 80
275. Hache-paille................ 110

376. Hache-paille................ 160ᶠ
377. Hache-paille................ 200
   (Médaille d'argent au conc. rég.
   de Versailles en 1865.)

378. Coupe-racines............. . 45ᶠ
379. Coupe-racines............. . 5o
380. Coupe-racines............. . 6o
381. Coupe-racines............. . 7o
382. Coupe-racines............. . 8o
383. Concasseur à bras........... . 6o

384. Coupe-racines.............. ı ı oᶠ
(Rappel de médaille d'argent au conc. rég. d'Annecy en 1865.)
385. Coupe-racines, grand modèle.... ı6o
386. Concasseur à bras, grand modèle. ı oo

Inventés, perfectionnés et exécutés par les exposants.

M. PERNOLLET, rue Saint-Maur-Popincourt, n° 116, à Paris.

387. Trieur, inventé par l'exposant.... ı ı oᶠ
388. Trieur, inventé par l'exposant... ı3o
389. Coupe-racines............. 65

390. Coupe-racines.............. 9oᶠ
391. Jeu de herse................ 65
392. Semoir centrifuge............ 4o

Perfectionnés et exécutés par l'exposant.

MM. PEUGEOT frères, à Valentigney (Doubs).

393. Concasseur à bras.......... ı6ᶠ 5oᶜ
(Rappel de médaille d'argent au conc. rég. d'Alençon.)
394. Concasseur à bras.......... ı6 oo

395. Moulin à farine.............. 26oᶠ
396. Moulin à farine.............. ı2o
397. Concasseur à manége.......... 9o

Le tout inventé, perfectionné et exécuté par les exposants.

M. RANGOD, rue du Marché-Saint-Jean, n° 33, à Paris.

398. Enclume à battre les faux....... ı2ᶠ | 399. Affiloir pour aiguiser les faux..... 2ᶠ

Inventés, perfectionnés et exécutés par l'exposant.

M. ROSSIGNOT, à Arc-lez-Gray (Haute-Saône).

400. Machine à battre fixe, ne vannant ni ne criblant.............. 34oᶠ
(Médaille de bronze au conc. rég. de Besançon en 1865).

401. Coupe-racines............... 75
(Médaille de bronze au conc. rég. de Besançon en 1865.)

402. Machine à battre rendant le grain vanné, inventée par l'exposant....... 53oᶠ
(Médaille d'argent au conc. rég. de Besançon eu 1865.)

403. Tarare.................... 55

Perfectionnés et exécutés par l'exposant.

M. WALCOT, rue Cels, n° 22, à Paris.

404. Aiguiseur pour l'acier, la fonte et le bois, inventé, perfectionné et exécuté par l'exposant... 3 et 6ᶠ

(Médaille d'argent au conc. rég. de Nice en 1865.)

M. VANDEWALLE, à Berthen (Nord).

405. Ruche villageoise. 2ᶠ 50ᶜ

406. Ruche à hausses 3 00

       Perfectionnées et exécutées par l'exposant.

407. Ruche normande à calotte. 2ᶠ 50ᶜ

M. VILLARD, à Dijon (Côte-d'Or).

408. Semoir rayonneur. 530ᶠ

    (Prime au conc. rég. de Versailles
    en 1865.)

409. Semoir rayonneur. 590ᶠ

410. Semoir rayonneur à brouette. . . . 100

       Inventés, perfectionnés et exécutés par l'exposant.

HORS CONCOURS.

PLANS, OUVRAGES, DESSINS, ETC.

M. ABOUT, à Moussey (Meurthe).

411. Programme d'enseignement agricole.

M. ALBRECHT, à Sand (Bas-Rhin).

412. Plan et légende de moulin à farine, système américain.

M. ODEPH, à Luxeuil (Haute-Saône).

413. Traité de la culture de l'opium indigène.

PRODUITS AGRICOLES

ET MATIÈRES UTILES A L'AGRICULTURE.

MM. AUSCHER (Bernard, Léon et Samüel), à Lauterbourg (Bas-Rhin).

1. Houblon.
2. Houblon d'Alsace.

M. BAILLEUX, à Noyers (Meuse).

3. Fromages de Gruyère.
4. Fromages de Brie.
5. Fromages raffinés.
6. Fromages de Camembert.
7. Crème fraîche.

M. LE BEL, à Lampertsloch (Bas-Rhin).

8. Vins rouges.
9. Vins blancs.

M. BÈS DE BERC, à Brumath (Bas-Rhin).

10. Betteraves.
11. Carottes.
12. Choux-raves.
13. Haricots.
14. Pois.
15. Pommes de terre.
16. Orge.
17. Seigle.
18. Maïs.
19. Topinambours.
20. Fruits.
21. Fruits secs.
22. Légumes.
23. Conserves de fruits.
24. Bois de réglisse.
25. Miel.
26. Graines maraîchères diverses.
27. Choucroute.

M. BEYSSER, à Ribeauvillé (Haut-Rhin).

28. Vins blancs.

M. BRESSON, à Dommartin (Vosges).

29. Fromage façon Gérardmer, le quintal.................... 120ᶠ
30. Fromage façon Gérardmer anisé, le quintal.................... 140ᶠ

M. CANET, à Molsheim (Bas-Rhin).

31. Houblon.

M. DIÉMER, à Strasbourg (Bas-Rhin).

32. Froment, le quintal.......... 21ᶠ 50ᶜ
33. Seigle, le quintal, de 15ᶠ à.... 16 00
34. Orge, le quintal............ 17 50
35. Avoine, le quintal.......... 18 50
36. Colza, le quintal, 44ᶠ à....... 46 00
37. Maïs, l'hectolitre, 15ᶠ à....... 16 00
38. Trèfle rouge, le quintal.
39. Luzerne.
40. Graines de chanvre, l'hectol., 37ᶠ à 38 00
41. Graines de betteraves, le kilogr.. 2 00
42. Pois, l'hectolitre.... .... 20 00
43. Fèves blanches et rouges.

44. Lentilles.
45. Sarrasin.
46. Fèves de marais.
47. Pommes de terre.
48. Betteraves.
49. Carottes jaunes.
50. Froment en gerbe.
51. Seigle en gerbe.
52. Avoine en gerbe.
53. Colza en gerbe.
54. Gerbe de chanvre.

M. FAGOT, à Mazerny (Ardennes).

55. Cidre, l'hectolitre............. 15ᶠ
56. Betteraves.
57. Toison de brebis mérinos, le kilogramme.................. 5

58. Toison de dishley-mérinos, le kilogramme.................... 5ᶠ

MM. FAVRE et JAVANSON, à Ribeauvillé (Haut-Rhin).

59. Vins fins.

60. Kirsch.

MM. FERRY et Cⁱᵉ, à Saint-Dié (Vosges).

61. Fécule blutée.

M. FISCHER, à Strasbourg (Bas-Rhin).

62. Vins du Rhin.

M. FROMEYER, à Strasbourg (Bas-Rhin).

63. Houblon.
64. Foin.

65. Luzerne.
66. Pommes de terre.

M. GUIMAS, à Ostwold (Bas-Rhin).

67. Colza.
68. Seigle.

69. Blé.
70. Orge.

71. Froment.
72. Avoine.
73. Pois.
74. Maïs.
75. Pommes de terre.

76. Betteraves.
77. Carottes.
78. Houblon.
79. Tabac.
80. Produits divers de jardinage.

M. HÉRING, à Barc (Bas-Rhin).

81. Vin de Tokai, 1864, l'hectolitre., .. 36'
82. Vin de Riesling, 1862, l'hectolitre. 40

83. Vin de Riesling, l'hectolitre....... 40'
84. Kirsch.

M. HEYLER, à Truchtersheim (Bas-Rhin).

85. Mûriers du Japon, avec vers à soie.
86. Assemblage de claies et d'échelles coconnières.

87. Vitrine renfermant des papillons, des cocons et de la soie de vers à soie de Bucharest et du Japon.

M. HUEBER, à Strasbourg (Bas-Rhin).

88. Brome de Schrader.

M. KARM, à Weyersheim (Bas-Rhin).

89. Houblon d'Alsace, produit de vieux plants.

90. Houblon d'Alsace, produit de jeunes plants.

M. LEDOUX, à Aubrives (Ardennes).

91. 80 variétés de pommes de terre.

M. LEMAISTRE, à Krautwiller (Bas-Rhin).

92. Betteraves, globe jaune, de 1865.
93. Colza.
94. Avoine blanche.

95. Avoine noire de Brie.
96. Pommes de terre jaunes.
97. Pommes de terre rouges.

M. LEQUIN, à Harchéchamp (Vosges).

98. Laine métis-mérinos en suint.
99. Laine suisse en suint.
(Médaille d'argent au conc. rég. de Metz en 1861.)

100. Vinaigre.
101. Conserves dans le vinaigre.
(Médaille d'or au conc. rég. de Nancy en 1862.)

M. le comte DE LEUSSE, à Reichshoffen (Bas-Rhin).

102. Bière.

M. LOUIS, à Souhesmes (Meuse).

103. Vin blanc.

104. Vin rouge.

M. MAYER, à Nancy (Meurthe).

105. Vin rouge.

106. Vin mousseux.

M. METZ, à Strasbourg (Bas-Rhin).

107. Amidon aiguillé.
108. Amidon en briques.
109. Amidon en poudre.
110. Pain de gluten pour la nourriture des bestiaux.

111. Cire jaune, brute, le kilog..... 4^f 60^c
112. Cire jaune, en rubans, le kilog.. 5 00
113. Cire jaune, blanchie, le kilog... 5 80
114. Cire façonnée, le kilog..... de 7 à 12^f

M. NOËL, à Harsault (Vosges).

115. Kirsch.

M. PASQUAY, à Wasselonne (Bas-Rhin).

116. Blé.
117. Avoine.
118. Topinambours.
119. Maïs.
120. Betteraves.

121. Pommes de terre.
122. Carottes.
123. Panais.
124. Houblon.
125. Osier.

M. PROST, à Volhxeim (Bas-Rhin).

126. Vins blancs.

127. Houblon.

M. ROLLET, à Thiaucourt (Meurthe).

128. Vins rouges.

129. Toisons de laine charmoise.

MM. ROTH frères, à Andlau (Bas-Rhin).

130. Vin de paille, de 10^f à 20^f la bouteille.
131. Raisin de conserve produisant le vin de paille.

132. 35 variétés de pommes de terre.
133. 20 variétés de haricots, fèves et pois.

M. SCHATTENMANN, à Bouxwiller (Bas-Rhin).

134. Foin.
135. Luzerne.
136. Houblon.

137. Colza.
138. Froment.
139. Seigle.

140. Orge.
141. Avoine noire.
142. Avoine blanche.
143. Maïs.
144. Pommes de terre.

145. Betteraves, globe jaune.
146. Paille de céréales.
147. Tabac.
148. Vin blanc.
149. Vin de crus divers.

M. SCHMITT, à Roeschwoog (Bas-Rhin).

150. Froment.
151. Orge.
152. Seigle.

153. Avoine.
154. Pommes de terre.
155. Houblon.

M. SIGRIST, à Riquewihr (Haut-Rhin).

156. Vin des années 1857, 1859, 1862 et 1865, l'hectolitre, de............ 100^f à 200^f

M. STREICHER, à Molsheim (Bas-Rhin).

157. Vin de 1857, l'hectolitre........ 80^f
158. Vin de 1859, l'hectolitre........ 70

159. Vin de 1865, l'hectolitre........ 36^f

M. TISSERAND-BONTEMPS, à Ménil-la-Horgne (Meuse).

160. Fromages de Void, le kilogramme................................ 1^f et 1^f 50^e
      (Médaille de bronze au conc. rég. de Chaumont en 1865.)

M. TURLAT, à Courcelles-sous-Châtenois (Vosges).

161. 40 variétés de pommes de terre.
    (Médaille d'argent au conc. rég. d'Epinal en 1864.)
162. Plusieurs variétés de betteraves. 12^f
163. Noix, le mille, de.......... 3 à 4
164. Haricots, le litre, de........ 1 à 2
165. Pois mange-tout, le litre, de 1^f 50 à 2

166. Graines potagères.
167. Graines de brome de Schrader.
168. Graines de betterave.
169. Blé.
170. Avoine.
171. Orge.

M. VIANELLO, à Strasbourg (Bas-Rhin).

172. Vins divers.
173. Vins rouges.

174. Vins blancs.
175. Kirsch de la Forêt-Noire.

WASSELONNE (comice agricole de).

176. Échantillons de vins.

M. WAGNER, à Strasbourg (Bas-Rhin).

177. Maïs en épis.
178. Céréales en grains et en épis.
179. Collection de haricots.

180. Variétés de pommes de terre.
181. Brome de Schrader.
182. Betteraves.

MM. WURST et FRIEDEL, à Strasbourg (Bas-Rhin).

183. Chanvre peigné, le quintal, de. . . . . de 120ᶠ à 300ᶠ

M. ZIMMER, à Wangen (Bas-Rhin).

184. Spécimens de vignes cultivées d'après le système de MM. Guyot et Trouillet.